Aviation Bookstore
aviation step by step

Meteorología
Adversa

Aviation Bookstore
aviation step by step

Edición 2

Editado y publicado por Nuria Rocio Balduzzi Raimondi
Aviation Bookstore ®

El contenido de este libro se desarrolla con fines educativos y de formación profesional. Texto original de autoría humana.

Introducción

Continuando con el éxito del libro Meteorología para Pilotos publicado por la editorial, este manual será el complemento ideal para comprender, analizar y lograr evitar todas las amenazas meteorológicas que rodean a las actividades aéreas.

En esta obra encontrarás un análisis completo de todos los fenómenos meteorológicos que amenazan al vuelo y a las operaciones, fenómenos que en su conjunto se conocen como meteorología adversa.

Una obra que te dará las herramientas para lograr comprender a cada una de estas amenazas, su comportamiento, y lo mas importante, como evitarlas o como salir de ellas.

Meteorología adversa no se basa en conceptos básicos sobre meteorología, tal como se ha estudiado en el libro inicial del tema, sino que se trata de una obra exclusivamente dedicada a las amenazas meteorológicas que ponen en riesgo a las operaciones aéreas.

Una de las principales herramientas que tiene el piloto es el conocimiento. Luego de leer este libro, mejoraremos tus habilidades para lidiar con las amenazas meteorológicas que intentan poner en riesgo la seguridad de tus vuelos.

Capt. Facundo Conforti

Aviation Bookstore
aviation step by step

Índice

Capítulo 1

Condiciones meteorológicas instrumentales

Aviation Bookstore
aviation step by step

Introducción

Las condiciones meteorológicas instrumentales (IMC) se refieren a cualquier estado de la atmósfera en el que el techo y la visibilidad estén por debajo de valores mínimos específicos. Los techos bajos y la visibilidad son fenómenos habituales en el entorno meteorológico donde se desarrolla en vuelo. A menos que se entiendan y respeten las causas y propiedades de estas condiciones meteorológicas, pueden convertirse en una amenaza al vuelo. El propósito de este capítulo es describir las características y las causas principales de los fenómenos meteorológicos que limitan el techo y la visibilidad, convirtiéndose en la primera condición adversa de la meteorología.

Al completar este capítulo, conocerás la terminología técnica utilizada para especificar los límites máximos y visibilidades actuales y previstos; comprenderás cómo se desarrollan y las condiciones a gran escala en las que se forman. Por último, aprenderás algunas reglas generales útiles que te ayudarán a lidiar con las condiciones meteorológicas instrumentales. Debes tener en cuenta que se requiere una habilitación de vuelo por instrumentos para operar en estas condiciones meteorológicas marginales de vuelo, aunque de ser posible, siempre será una mejor opción evitar volar bajo estas condiciones de vuelo.

La contraparte de IMC es VMC (condiciones meteorológicas visuales). Estos dos términos son clasificaciones bastante amplias que se utilizan para describir el estado del techo y/o la visibilidad con respecto a las operaciones aéreas. Estas dos condiciones meteorológicas se vuelo, se rigen bajo las siguientes limitaciones operacionales:

Category	Ceiling (feet AGL)	and/or Visibility (statute miles)
Visual Flight Rules (VFR)	None or > 3,000	and > 5
Marginal Visual Flight Rules (MVFR)	1,000 to 3,000	and/or 3 to 5
Instrument Flight Rules (IFR)	500 to < 1,000	and/or 1 to < 3
Low Instrument Flight Rules (LIFR)	< 500	and/or < 1

La determinación del techo y la visibilidad no es una ciencia exacta; las mediciones suelen ser aproximadas y pueden producirse grandes variaciones en distancias cortas y períodos de tiempo cortos, especialmente en IMC. Debido a estos problemas y a las graves consecuencias que la condición IMC puede tener en vuelo, se debe utilizar una interpretación conservadora de las mediciones en caso de duda.

Ten en cuenta que la información de techo y visibilidad proporcionada en los informes METAR, está determinada por una observación terrestre. Las incertidumbres surgen por la forma en que se mide la visibilidad. La visibilidad reportada es la mayor distancia horizontal a la que se pueden ver e identificar un objeto, o se pueden ver luces brillantes en horas nocturnas. Estas dos definiciones pueden dar lugar a que se notifiquen diferentes distancias para las mismas condiciones meteorológicas, siendo la única diferencia si es de día o de noche.

Otra consideración importante es la visibilidad en un rango de medición inclinado o visibilidad oblicua, una visibilidad de suma importancia en el tramo final de la aproximación. Esta es la distancia oblicua a la que se pueden ver ayudas de aterrizaje, como luces de pista y marcas. Este valor tampoco es necesariamente el mismo que la visibilidad reportada sobre el terreno. Estas diferentes visibilidades se ilustran en esta figura.

Las incertidumbres en las mediciones no se limitan a las visibilidades. Los informes de superficie sobre las alturas de las bases de nubes, están sujetos a errores de estimación a medida que aumenta la altura de la base de las nubes. La mayoría de las estaciones automatizadas no detectan nubes por encima de los 12.000 pies, y no informan de más de tres capas de nube. Debido a las diferencias entre las observaciones de superficie y del piloto, las observaciones de superficie siempre deben complementarse con un PIREP (reporte meteorológico realizado por pilotos durante el vuelo) actuales siempre que sea posible.

La visibilidad disminuye a causa de las partículas que absorben, dispersan y reflejan la luz. Estas partículas siempre están presentes en la atmósfera, pero hay grandes variaciones. A veces son demasiado pocas y demasiado pequeñas para tener un efecto significativo en su capacidad de ver y reconocer objetos a distancia. Por otra parte, las altas concentraciones de partículas reducen la visibilidad a cero. Para entender cómo surgen estas diferentes condiciones, es útil examinar los tipos y el comportamiento de las partículas que se encuentran en la atmósfera. Para su análisis, es posible separar las partículas atmosféricas en dos grupos: las compuestas por H2O, como las gotas de agua y los cristales de hielo; y las partículas secas, como los de la combustión, por nombrar solo algunas fuentes. Ambos tipos de partículas pueden ser muy grandes y caer rápidamente (como la lluvia o algunos residuos

volcánicos), mientras que otras pueden ser tan pequeñas que permanecen suspendidas (como gotas de nubes o partículas de neblina). El número y el tamaño de estas partículas influyen no solo en la visibilidad, sino también en el color del cielo.

Principales fenómenos de reducción de visibilidad

Niebla y nubes bajas

Todas las nubes, compuestas de cristales de hielo, gotas de agua o una mezcla de ambas, tienen diferentes influencias en la visibilidad. En las nubes de cirros, la visibilidad de más de media milla es normal, mientras que las nubes bajas y el CB tienen visibilidades que van desde 30 metros hasta cero. Técnicamente, la niebla (FG) es una nube baja basada en la superficie que reduce la visibilidad a menos de 1000 metros. Se informa como neblina (BR) cuando la visibilidad es inferior a 10.000 metros, pero superior a 1000 metros. En la mayoría de los casos, la niebla se forma en aire estable; es decir, se enfría hasta la saturación por contacto con el suelo frío (niebla de radiación y niebla de advección).

También es causada por el enfriamiento adiabático del aire estable (niebla de pendiente superior), o por alguna combinación de enfriamiento por contacto y enfriamiento adiabático. Una situación en la que la niebla se forma en el aire inestable es la niebla de vapor. En este caso, el agua más caliente se evapora y se mezcla en la fina capa de aire frío en contacto con el agua y se conoce como"humo de mar".

Hay cinco tipos principales de niebla: niebla de radiación, niebla de colina, niebla de advección, niebla frontal y humo ártico o niebla de vapor.

Niebla de radiación: Es causada por la pérdida de calor de la superficie de la tierra por la noche. El aire en contacto con el suelo se enfría por conducción. Si se enfría por debajo de su punto de rocío, el vapor de agua en el aire se condensará en gotas de agua y se formará niebla. Las condiciones anteriores suelen estar presentes en la atmósfera en condiciones anticiclónicas, especialmente en otoño e invierno, alrededor del amanecer y el atardecer.

Cuando existan estas condiciones, se formará niebla radiactiva. Sin embargo, si el viento es más fuerte que 8 nudos, se producirá la mezcla del aire frío de la superficie con el aire más cálido de niveles más altos, y no se formará niebla de radiación.

Hay tres condiciones que deben prevalecer para que la tierra se enfríe en la cantidad necesaria para alcanzar el punto de rocío y que se forme niebla de radiación. En primer lugar, el cielo debe estar despejado, ya que las nubes "atrapan" el calor cerca de la superficie de la Tierra. En segundo lugar, debe haber suficiente humedad en el aire, de modo que el enfriamiento dé lugar a la saturación del aire que superpone la superficie fría. Por lo tanto, la humedad relativa del aire debe ser alta. En tercer lugar, debe haber un viento ligero de alrededor de 2-8 nudos. Si no hay viento, no se suspenderán núcleos de condensación en el aire y, en su lugar, se formará un rocío en el suelo.

Dadas las tres condiciones mencionadas en la página anterior, este tipo de niebla es más común justo después del amanecer: la hora del día en la que las temperaturas de la superficie están en su punto más bajo. Sin embargo, a medida que el sol sale en el cielo y aumenta la radiación solar, el calentamiento de la superficie de la tierra conducirá a la dispersión de la niebla de radiación a través de la evaporación.

Además, a medida que el sol calienta la superficie, la convección se establece en las capas inferiores de aire, mezclando el aire cerca de la superficie con el aire superior más cálido y dispersando la niebla. La niebla de radiación se eliminará, principalmente desde abajo, pero también desde la parte superior de la niebla y alrededor de los bordes. El aumento del viento provocará la mezcla y el calentamiento de las capas inferiores, elevando la niebla hacia una nube de estrato bajo.

Niebla de montaña: Se forma cuando el aire húmedo y estable se ve obligado a elevarse sobre terrenos elevados. El aire húmedo se enfriará y condensará para crear nubes bajas, que envuelven el terreno alto. Este tipo de nube se llama nube orográfica. (Del griego oros, que significa montaña.) La nube orográfica puede ser localizada o extensa, y representa un gran peligro para los aviones de vuelo bajo. Para los caminantes de colinas, la nube orográfica es niebla de colina. La visibilidad en la niebla de las colinas suele ser inferior a 200 m.

Niebla de advección: La niebla de advección puede formarse rápidamente, de día o de noche, cuando el aire caliente y húmedo se mueve a través de una superficie fría. La temperatura de la superficie debe ser tal que el aire que se mueve sobre ella se enfríe por debajo de su punto de rocío. Para que esto suceda, la velocidad del viento debe ser de unos 15 nudos, y el aire debe tener una humedad relativa alta. La niebla de advección es común alrededor de las costas y a veces se llama niebla marina.

Niebla frontal: La niebla frontal se forma justo delante de algunos sistemas frontales cálidos y ocluidos. Las fuertes precipitaciones del aire caliente al aire más frío hacen que el aire más frío alcance el punto de saturación y forme niebla. El cinturón de niebla frontal puede extenderse hasta 200 millas por delante del propio frente. La niebla se despejará una vez que haya pasado el frente.

Humo ártico o niebla de vapor: El humo ártico se crea en una situación contraria a la que crea niebla de advección. Para que se forme niebla de vapor, el aire frío muy estable se mueve desde la tierra sobre una superficie relativamente cálida y húmeda (como el mar, tramos interiores de agua o pantanos). Esta acción puede hacer que se condense una pequeña cantidad de vapor de agua por encima de la superficie húmeda, formando una capa poco profunda de niebla.

En algunos casos, en lugar de niebla de advección, las nubes de estrato se forman cuando los fuertes vientos en superficie causan una mezcla turbulenta, elevando la altura del nivel de condensación. En este caso, la visibilidad de la superficie puede ser buena, pero la visibilidad oblicua es pobre hasta que el avión descienda por debajo de la base de nubes.

Hay ocasiones en las que la visibilidad oblicua y la visibilidad vertical son muy buenas, pero la visibilidad reportada por el observador de superficie es pobre. Esto ocurre cuando hay una capa poco profunda de niebla (MIFG), o bancos de niebla (BCFG), cerca del suelo.

En climas fríos, se puede formar niebla de hielo. La niebla de hielo es una niebla de tipo radiación que, como indica su nombre, está compuesta por cristales de hielo. Se forma a bajas temperaturas (−22°F, -30°C o menos) y puede ser bastante persistente, especialmente en ciudades o áreas industriales donde hay muchas partículas de combustión presentes para actuar como núcleos de nubes.

La niebla y las nubes bajas de estrato se desarrollan en condiciones climáticas identificables a mayor escala. Dos de los más comunes son con frentes cálidos y cuando el aire cálido y húmedo "invade" un frente estacionario. Estos patrones meteorológicos suelen ocurrir a finales de otoño, invierno y principios de primavera y tienen estructuras similares. El aire por encima de la parte delantera se levanta en un movimiento de deslizamiento estable, produciendo nubes y precipitaciones. La niebla de precipitación y las nubes bajas se desarrollan en el aire frío cerca de la superficie.

Las condiciones meteorológicas instrumentales también pueden presentarse cuando el aire caliente y húmedo invade el aire frío atrapado en los valles. Las precipitaciones saturarán el aire frío, produciendo techos bajos y visibilidades en los valles. Dado que la niebla por radiación favorece los cielos despejados, el suelo frío y los vientos ligeros, se encuentra comúnmente en áreas de alta presión sobre tierra en invierno. Es habitual que la niebla se forme una o dos noches después de que la lluvia asociada con un pasaje frontal toque la superficie. Para entonces, un sistema estable y de alta presión se ha trasladado a la zona con cielos despejados, proporcionando así vientos ligeros y permitiendo la refrigeración de radiación nocturna.

La niebla de radiación normalmente se disipa después de que sale el sol, pero hay excepciones. En condiciones de viento ligero, los valles húmedos y fríos son los sitios favoritos para la niebla de radiación nocturna en invierno, ya que el aire frío drena hacia el fondo del valle. Si el valle no recibe la radiación solar adecuada durante el día siguiente, la niebla no se disipará por completo. Si las condiciones de viento y estabilidad a gran escala siguen siendo las mismas, la niebla empeorará con cada noche siguiente. Por lo general, se necesita un cambio importante en la circulación a macro escala (como un pasaje frontal) para eliminar la niebla del valle.

La niebla de advección es común dondequiera que se transporte aire caliente y húmedo sobre una superficie fría. En tierra, esto suele ser un fenómeno invernal. La niebla de advección puede contribuir a la niebla de precipitación antes de un frente cálido.

Precipitación

Las precipitaciones pueden afectar al techo y a la visibilidad de varias maneras. En primer lugar, las partículas de llovizna, lluvia y nieve son más grandes que las gotas de nubes, por lo que el efecto en la visibilidad puede ser significativo.

La segunda forma en que las precipitaciones pueden afectar al techo y a la visibilidad es saturando capas de aire entre la base de nubes y el suelo. Las nubes de fractocúmulo irregular o fractostratus se forman debajo de la base de nubes original, lo que hace que el techo baje con el tiempo. Además, la niebla de precipitación puede desarrollarse cuando la lluvia satura la capa cerca del suelo.

En la lluvia, la visibilidad se reduce en diferentes grados, dependiendo de la intensidad de la lluvia. La visibilidad de tan solo 1.000 metros o menos puede ocurrir con fuertes lluvias. La siguiente tabla resume el efecto en la visibilidad de varias intensidades de lluvia.

FORM AND INTENSITY OF PRECIPITATION	TYPICAL VISIBILITY
Heavy rain	1000 m or less
Moderate to heavy drizzle	Between 500 m and 3000 m
Moderate rain	Between 3000 m and 10 km

La nieve soplada (BLSN) se notifica cuando el viento eleva las partículas de nieve a más de 6 pies por encima de la superficie y reduce la visibilidad a 6 s.m. o menos. Este es un problema particular en las regiones polares donde la nieve está seca y fina. Los fenómenos meteorológicos extremos a menudo se alcanzan en condiciones de ventisca. Existe una ventisca cuando las bajas temperaturas se combinan con vientos que superan los 30 nudos y grandes cantidades de nieve, ya sea cayendo o soplando.

Humo y Neblina

El humo es la suspensión de las partículas de combustión en el aire. Un cielo rojizo a medida que sale o se pone el sol, y un cielo de color naranja cuando el sol está muy por encima del horizonte, a menudo indican la presencia de grandes partículas de humo. Cuando el humo viaja grandes distancias, las partículas grandes se caen y el humo tiende a distribuirse de manera más uniforme. En este caso, el cielo adquiere un aspecto más grisáceo o azulado, y a menudo se informa de neblina, en lugar de humo.

El impacto del humo en la visibilidad está determinado por la cantidad de humo producido en la fuente, el transporte de humo por el viento, la difusión del humo por turbulencia y la distancia desde la fuente. En los vientos ligeros, la reducción de visibilidad más grave se produce en las proximidades de la fuente del humo. Si los vientos son ligeros y la atmósfera es estable, la visibilidad seguirá siendo bajas. Las condiciones inestables hacen que el humo se mezcle a través de capas profundas con menos impacto en la visibilidad, excepto cerca de la fuente.

Cuando el humo (FU) es producido por un fuego grande y caliente, se eleva a alturas donde se puede transportar a grandes distancias en capas estables elevadas. Un ejemplo de este fenómeno en un METAR es "FU BKN020", humo (FUME) en una capa quebrada a 2000 pies.

Las columnas de humo de fuentes individuales pueden ser transportadas a grandes distancias. Se mezclan con su entorno, dependiendo de la altura de la columna, la estabilidad atmosférica y la velocidad del viento. Si la fuente está caliente, la columna se elevará inicialmente hasta que su temperatura sea igual a la del medio ambiente. En condiciones inestables, se mezclarán a través de capas profundas.

La inestabilidad es a menudo visible, ya que las térmicas hacen que una columna de humo adopte un patrón de bucle. En condiciones estables mantendrán su forma, excepto por una tendencia a desplegarse horizontalmente. Una regla general aproximada aplicable a unas pocas millas a favor del viento de una chimenea es que el ancho de una columna de humo es de aproximadamente 1 milla de distancia de su fuente. Estos problemas de humo pueden complicarse cerca de la fuente, donde la producción de calor en la columna es lo suficientemente grande como para causar una turbulencia significativa.

La neblina (HZ) es una suspensión de partículas extremadamente pequeñas y secas. Individualmente, son invisibles a simple vista, pero en número suficiente pueden dar al aire un aspecto opalescente. Las partículas de neblina pueden estar compuestas por una variedad de sustancias, como polvo, sal o residuos de incendios o volcanes distantes (después de que se hayan caído partículas grandes). La neblina tiende a ocultar el paisaje para que los colores sean tenues. Los objetos oscuros tienden a ser azulados, mientras que los objetos brillantes, como el sol o las luces distantes, tienen un tono amarillo o rojizo sucio. Cuando el sol está muy por encima del horizonte, la neblina da a la luz solar un tinte plateado peculiar.

Además de reducir generalmente las visibilidades, la neblina también contribuye al problema del deslumbramiento. Esto a menudo hace que la visibilidad mire menos hacia el sol que lejos del sol. Por ejemplo, un observador en tierra puede ser capaz de ver su avión cuando usted no puede ver el suelo debido al resplandor del sol desde la parte superior de una capa de neblina. El deslumbramiento también puede ser causado por las superficies de nieve y agua y la parte superior plana de una capa de nubes.

Polvo

El polvo (DU) se refiere a partículas finas de suelo suspendidas en el aire. Si la fuente real del polvo está lejos del punto de observación, podría reportarse como niebla. El polvo da un tinte bronceado o gris a los objetos distantes. El disco del sol se vuelve pálido e incoloro, o tiene un tinte amarillo. El polvo soplado (BLDU) es el polvo elevado por el viento a 2 metros o más, lo que restringe la visibilidad a 10 km o menos. La visibilidad es inferior a 1 km en una tormenta de polvo, e inferior a 500 metros en una tormenta de polvo severa. La arena soplada (BLSA) se describe de manera similar al polvo soplado, pero está más localizada. El soplado de polvo y arena se produce cuando el suelo está suelto, los vientos son fuertes y la atmósfera es inestable. Estas condiciones se producen en algunos lugares como los lagos secos del desierto y las áreas de cultivo de tierras secas.

Aviation Bookstore
aviation step by step

Capítulo 2

Turbulencia

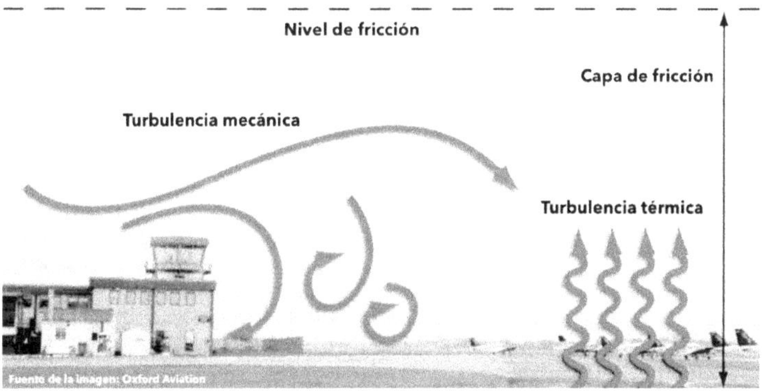

Introducción

Todo el que vuela se encuentra con turbulencias en un momento u otro. Una atmósfera turbulenta es aquella en la que las corrientes de aire varían mucho a distancias cortas. Estas corrientes van desde remolinos suaves hasta corrientes fuertes de dimensiones relativamente grandes. A medida que un avión se mueve a través de estas corrientes, sufre aceleraciones cambiantes que lo empujan desde su suave trayectoria de vuelo. Este empujón es una turbulencia. Las turbulencias van desde los saltos que pueden molestar a la tripulación y a los pasajeros, hasta sacudidas graves que pueden dañar estructuralmente la aeronave o herir a las personas abordo.

La reacción de la aeronave a las turbulencias varía con la diferencia de velocidad del viento en las corrientes adyacentes, el tamaño de la aeronave, la carga de las alas, la velocidad aérea y la actitud de la aeronave. Cuando una aeronave viaja rápidamente de una corriente a otra, sufre cambios bruscos en la aceleración. Obviamente, si el avión se moviera más despacio, los cambios en la aceleración serían más graduales. La primera regla para volar en turbulencia es reducir la velocidad del aire. Lo más probable es que el manual de tu avión mencione la velocidad recomendada para volar en turbulencia.

La expresión turbulencia, generalmente se define como aire perturbado o áspero, cuyo movimiento es de naturaleza desordenada y arremolinada, lo que hace que el aire salga de su entorno inmediato y se mezcle con otras capas de aire.

Los criterios de medición de turbulencias se basan en la intensidad de esta, y varía desde turbulencia suave a extrema.

Las indicaciones cuantitativas de la intensidad de la turbulencia se pueden determinar a partir de las mediciones a bordo de la carga de fuerzaG, las fluctuaciones de la velocidad del aire y la velocidad vertical. La fuerza G es la que surge debido a la influencia de la gravedad. La gravedad normal corresponde a una fuerza G de 1,0 G. Un cambio en la fuerza G por encima o por debajo del valor normal es una medida aproximada de la intensidad de la turbulencia. Por ejemplo, si una aeronave experimenta una fuerza G total de +1,5 G, significa que la turbulencia asociada causó un exceso de fuerza de +0,5 G.

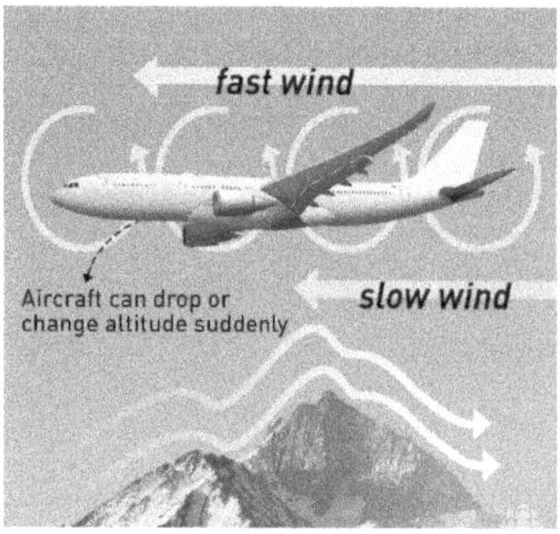

Las fluctuaciones de la velocidad del aire se refieren a las mayores desviaciones positivas y negativas de esta velocidad durante un evento turbulento. Por ejemplo, si su velocidad aérea media es de 140 KT con variaciones entre 130 y 150 KT, está experimentando fluctuaciones de ± 10 KT.

La tasa de ascenso se refiere a los mayores valores positivos o negativos durante el vuelo horizontal a través de una región turbulenta. La relación entre estas tres variables otorga un rango de clasificación a las diferentes categorías de turbulencias.

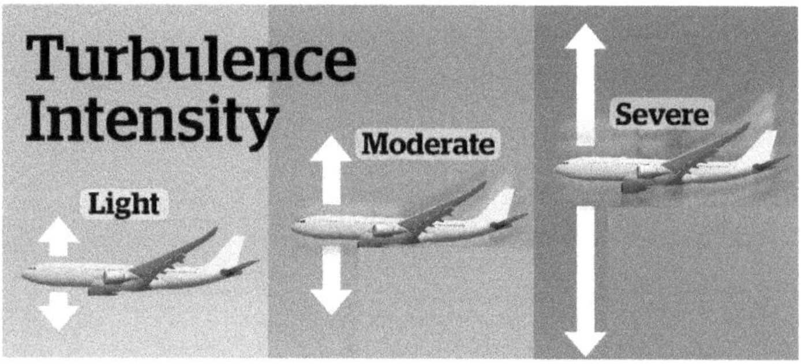

	Airspeed Fluctuation (kts)	Change in G-load (g)	Vertical Gust (f.p.m.)
Light	5 - 14.9	0.20 - 0.49	300 - 1199
Moderate	15 - 24.9	0.50 - 0.99	1200 - 2099
Severe	>25	1.0 - 1.99	2100 - 2999
Extreme	—	>2.00	>3000

Tipos de turbulencia

La turbulencia puede dividirse en cuatro categorías, dependiendo de dónde se produzca, qué circulaciones atmosféricas a mayor escala están presentes y qué está produciendo la turbulencia. Estas cuatro categorías son: turbulencia de bajo nivel (LLT low level turbulence), turbulencia dentro y cerca de las tormentas eléctricas (TNT turbulence near thunderstorms), la turbulencia en el aire libre (CAT clear air turbulence) y la turbulencia de las ondas (ondas) de montaña (MWT mountain waves turbulence).

Turbulencia de bajo nivel LLT

Una de las causas más comunes de la turbulencia de bajo nivel, es la perturbación del aire a medida que fluye sobre superficies de forma irregular, como sierras, edificios, árboles, etc. La capa de aire en la que es probable que se produzca este tipo de perturbación se conoce como capa de fricción. Por encima de la capa de fricción, el flujo de aire no se ve afectado por la superficie. El límite superior de la capa de fricción se denomina nivel de fricción.

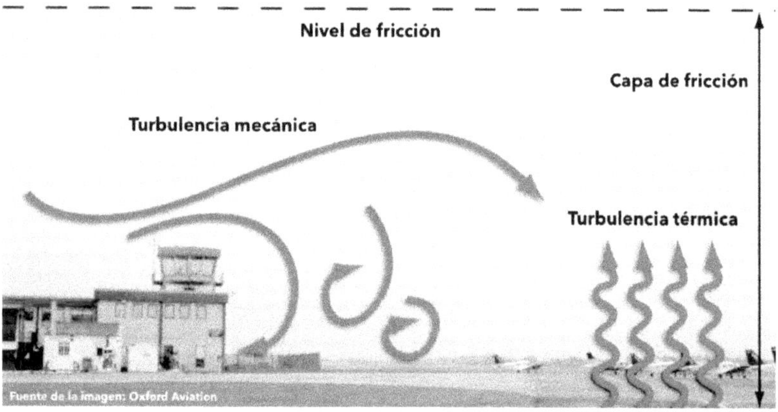

La turbulencia mecánica es causada por el flujo de aire perturbado debido a las características de la superficie. La profundidad de la capa de fricción dependerá del grado de interferencia mecánica de árboles y edificios. Este tipo de turbulencia también suele suceder ante situaciones de fuertes vientos, aunque no se presente un obstáculo en su recorrido. Cuando una corriente de aire se traslada sobre la superficie a gran velocidad, la fricción con el terreno genera remolinos, y son la principal causa de turbulencia por ráfagas.

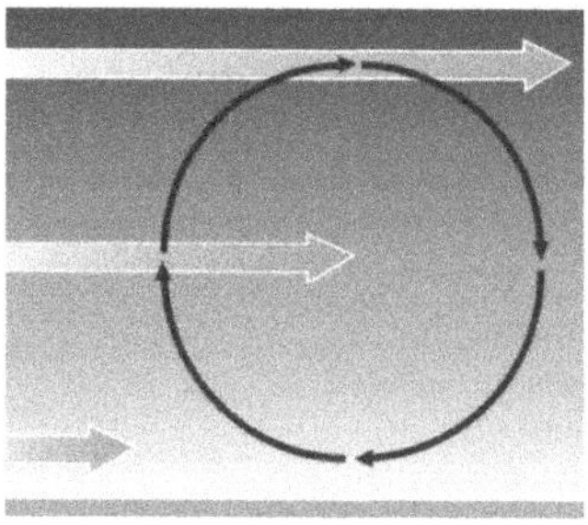

La turbulencia térmica se genera a bajo nivel, a medida que los puntos calientes superpuestos de aire en la superficie de la tierra, se calientan a una temperatura más alta que el aire circundante y ascienden térmicamente. Los pilotos de planeador han aprovechado durante mucho tiempo los movimientos ascendentes en las térmicas para ganar altitud y volar largas distancias sin motor. Sin embargo, las fuentes térmicas de elevación para planeadores de movimiento lento son a menudo fuentes de LLT para aviones más rápidos y propulsados. Una aeronave que vuela a través de la fuente térmica suele estar expuesta a intensidades de turbulencia que van de ligeras a moderadas. Las ráfagas típicas hacia arriba en térmicas oscilan entre 200 y 400 FPM (pies por minuto), con extremos de 1.000 a 2.000 FPM. El vuelo a través de la capa límite durante un mediodía de verano, puede exponer a la aeronave a LLT frecuentes e incómodas debido a las térmicas. La presencia de cumulus en días de elevadas temperaturas, es una fiel indicación de que existen térmicas originadas desde la superficie que se elevarán hasta la base de las nubes, causando increíbles ascendentes para los planeadores, pero situaciones turbulentas para las aeronaves que no están diseñadas para el vuelo a vela.

En las calurosas tardes de verano, el nivel de fricción se encontrará a una altura mayor que en los días más fríos. En general, el nivel de fricción varía de 2.000 pies a 5.000 pies por encima del nivel del suelo.

Turbulencia alrededor de tormentas TNT

La turbulencia cerca de las tormentas eléctricas (TNT) es una turbulencia que se produce dentro de las nubes convectivas y las tormentas eléctricas en desarrollo, en las proximidades de las cimas y estelas de las tormentas eléctricas, en los estallidos y en los frentes de ráfagas.

Las turbulencias dentro y cerca de las tormentas eléctricas (TNT) se producen en tres regiones de turbulencia distintas: dentro de las tormentas eléctricas, debajo de las tormentas eléctricas y alrededor y sobre las tormentas eléctricas.

Turbulencia dentro de las tormentas: esta turbulencia también se encuentra alrededor de importantes desarrollos de nubes, especialmente en las nubes cumuliforme, que son nubes convectivas creadas por el aumento de las corrientes de aire.

La extensión vertical de una nube de cúmulos es una muy buena indicación de la intensidad del flujo de aire vertical debajo y dentro de la nube y, en consecuencia, de la intensidad de la turbulencia dentro y alrededor de la nube. Por esta razón, los pilotos deben tratar las grandes nubes cumuliforme con precaución. Las nubes Cumulonimbus generan la turbulencia más violenta. En las nubes cumulonimbus y en las nubes de cúmulos bien desarrolladas, tanto las corrientes ascendentes como las corrientes descendente están presentes dentro de la propia nube.

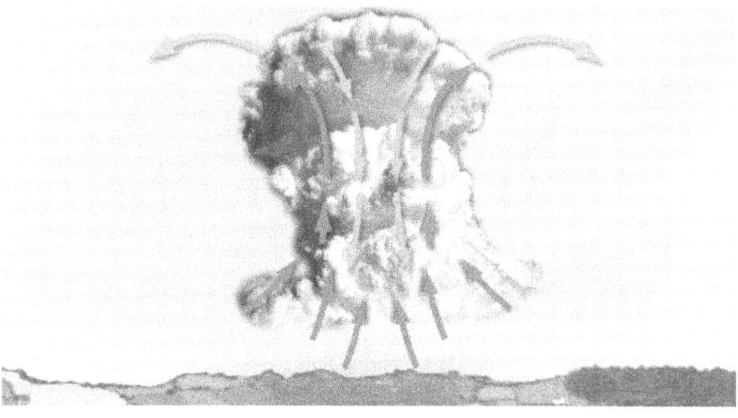

Las turbulencias dentro de las tormentas eléctricas se producen en al menos dos escalas diferentes. Los remolinos más grandes tienen tamaños comparables a los de las corrientes ascendentes y descendente principales.

Las ráfagas a pequeña escala son producidas por fuertes tijeras en los bordes de las corrientes de aire verticales. En la etapa de cúmulo del desarrollo de la tormenta eléctrica, la turbulencia dentro de la tormenta se debe a la corriente ascendente, que generalmente ocupa menos de la mitad del volumen de nubes. Las velocidades de las ráfagas ascendentes aumentan desde la base de la nube hasta un máximo cerca de la parte superior de esta.

En la etapa de maduración de la tormenta, las velocidades de las corrientes ascendente se aceleran a través de la profundidad de la tormenta, alcanzando un máximo en la parte superior de la célula. Esto suele darse cerca de la tropopausa. Debido a la rápida tasa de aumento de las cimas de las nubes, los pilotos que vuelan justo debajo de la tropopausa, ocasionalmente pueden ser sorprendidos con una fuerte explosión de turbulencia a medida que la parte superior de una nube de cumulonimbus en crecimiento, alcanza el nivel de vuelo.

La intensidad de la turbulencia aumenta con el desarrollo de la tormenta eléctrica; es decir, intensidades ligeras y moderadas en la etapa de cúmulo y moderadas y graves (o peores) en la etapa madura. Cuando la célula de la tormenta eléctrica comienza a disiparse, la turbulencia dentro de la tormenta eléctrica se debilita. Sin embargo, se debe tener un alto grado de precaución en la evaluación visual del potencial de turbulencia.

Por ejemplo, al principio de la etapa de disipación, la turbulencia en algunos lugares de la tormenta eléctrica es tan intensa como en la etapa madura.

Al final de la etapa de disipación, todavía pueden estar presentes ráfagas aisladas de turbulencia severa. Además, en las tormentas eléctricas multicelulares, una célula cercana y madura puede verse oscurecida por las nubes de una célula que se disipa, ocultándose a simple vista.

Turbulencia alrededor de las tormentas: Alrededor de la nube de cúmulos bien desarrollada (cumulus congestus) y el cumulonimbus, las corrientes descendente están activas a cierta distancia de la propia nube. Estas corrientes descendente causan graves turbulencias.

La turbulencia alrededor de la tormenta eléctrica se refiere a la que se encuentra fuera de la región principal de convección. Esto incluye la turbulencia en el aire claro junto a la nube, principal mente cumulonimbus, y la turbulencia dentro y sobre la nube del yunque.

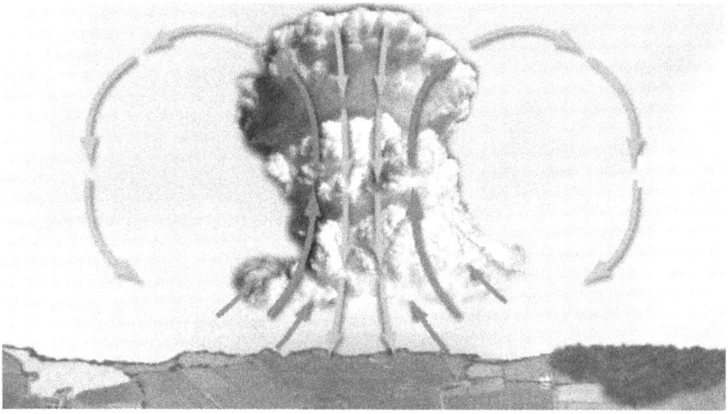

Las turbulencias se producen fuera de la tormenta eléctrica cuando la célula actúa como barrera para el flujo de aire a gran escala. Las tormentas eléctricas multicélulas y supercélulas se mueven más lentamente que los vientos en los niveles superiores. En estas condiciones, parte del flujo de aire predominante se desvía alrededor de la tormenta eléctrica, produciendo una variedad de remolinos turbulentos. Este efecto es mayor con fuertes tormentas eléctricas y con fuertes vientos en lo alto.

Se produce una estela turbulenta bajo la nube del yunque a favor del viento de la tormenta eléctrica. Esta es una de las regiones más peligrosas fuera de la tormenta eléctrica y por encima de su base.

Cerca de la cima de la tormenta eléctrica, son posibles varias circulaciones. La apariencia cumuliforme es una advertencia de que esta región es una fuente de turbulencia significativa debido a las corrientes convectivas. Además, la interacción de los fuertes vientos en la estratosfera estable con la corriente ascendente, puede producir ráfagas verticales, remolinos turbulentos y ondas de gravedad atmosféricas (similares a las ondas de sotavento) sobre y a favor del viento de la parte superior de la tormenta eléctrica. Siempre que sea posible, se debe evitar el vuelo cerca de las cimas de las tormentas eléctricas.

Turbulencia debajo de las tormentas: Debajo de la base de cumulus congestus y cumulonimbus, las corrientes activas convectivas también son muy fuertes. Las corrientes descendente más graves se producen en las precipitaciones. Cuando la precipitación cae de las nubes, tiende a arrastrar el aire hacia abajo con ella, creando corrientes descendentes dentro y debajo de la nube.

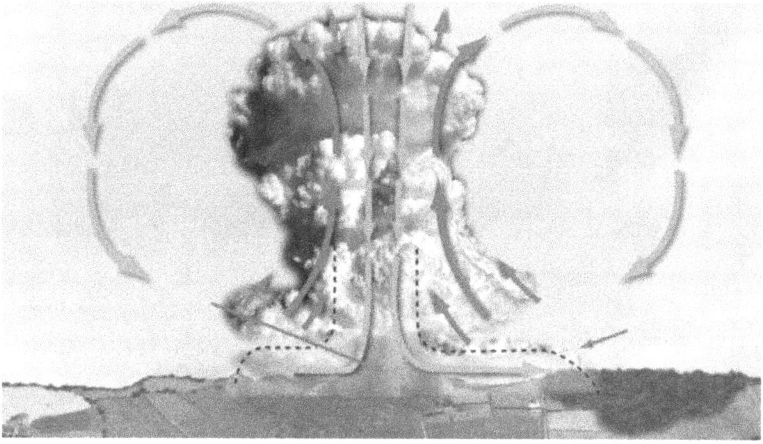

Las corrientes descendentes definen las áreas turbulentas primarias por debajo de la tormenta eléctrica. Estos fenómenos producen intensas turbulencias, así como fuertes ráfagas de viento. Los fuertes vientos en el flujo de salida de la corriente descendente generan turbulencia mecánica, que es especialmente fuerte a lo largo del borde de cualquier microráfaga y/o frente de ráfaga.

Por supuesto, también se esperan turbulencias extremas cerca de cualquier nube en forma de embudo, tornados y otros vórtices similares a tornados. La combinación de turbulencia y ráfagas del viento con fuertes precipitaciones, techos bajos y escasas visibilidades hace que el área debajo de una tormenta eléctrica sea muy peligrosa.

Si la corriente desciende debajo de un cumulonimbus o cúmulo congestus, generalmente entrará en contacto con el suelo y luego se extenderá desde la nube hasta distancias de 15 a 20 millas. Este tipo de fenómeno causa grandes cambios en la dirección y la velocidad del viento en las proximidades de la nube, tanto vertical como horizontalmente, lo que representa un severo riesgo para las actividades aéreas.

Turbulencia en aire claro CAT

La turbulencia de aire claro (CAT) es esa turbulencia que se produce en la atmósfera lejos de cualquier actividad convectiva visible. El CAT incluye turbulencias frontales y de chorro de alto nivel, normalmente por encima de 15.000 pies. Su nombre se deriva de las primeras experiencias de pilotos que se encontraron con importantes turbulencias de alto nivel en cielos despejados; sin embargo, ahora sabemos que los procesos que producen CAT también pueden estar presentes en las nubes. Sin embargo, el nombre sigue siendo “CAT".

Debido a que no es posible observar muy bien el CAT, a menudo resulta más conveniente describirlo en términos estadísticos. Por ejemplo, durante un vuelo determinado en cualquier lugar de la atmósfera, una aeronave tiene aproximadamente una probabilidad de 6 de cada 100 (6%) de encontrarse con CAT moderada o mayor. Las posibilidades de encontrar CAT suelen ser mayores en las regiones cercanas a la corriente en chorro. Una probabilidad del 10% de encontrar una CAT moderada o mayor se considera grande. En una escala absoluta, las posibilidades de CAT moderada o mayor son casi siempre pequeñas.

Este tipo de turbulencia se encuentra cerca de capas estables de alto nivel que tienen ráfagas verticales del viento. Cuando las parcelas de aire en una capa estable se desplazan verticalmente, se desarrollan ondas de gravedad atmosféricas. Estas ondas pueden tener longitudes de onda de unos pocos cientos de pies a 1 milla o 2. Si la corriente vertical es fuerte, hace que las crestas de las ondas invadan los valles de las ondas, creando una situación muy inestable. El aire literalmente "se vuelca" en las ondas, a menudo violentamente. El resultado es una capa de CAT.

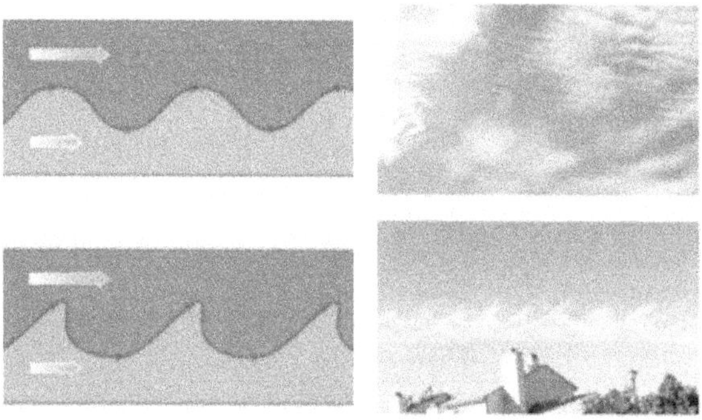

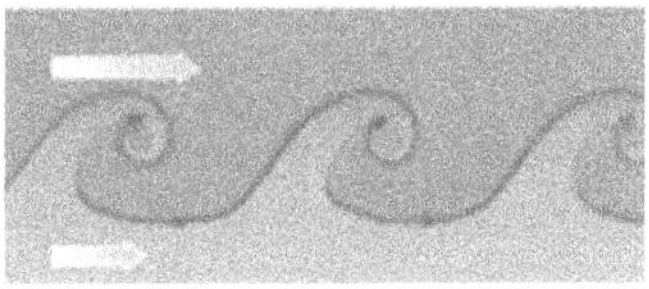 

La turbulencia se produce con más frecuencia a unos pocos miles de pies de la tropopausa, sobre las montañas y en invierno. El CAT tiende a ocurrir en capas delgadas, normalmente de menos de 2000 pies de profundidad, unas pocas decenas de millas de ancho y más de 50 millas de largo. A menudo se produce en ráfagas repentinas a medida que los aviones se cruzan con capas turbulentas delgadas e inclinadas.

El pronóstico de este tipo de turbulencia siempre ha sido difícil debido a la falta de buenas observaciones a micro-escala donde se produce el CAT. Por lo general, no se pueden especificar las ubicaciones exactas del CAT, a menos que una aeronave encuentre e informe de la turbulencia. En el pasado, las previsiones se hacían principalmente sobre la base de los PIREP y las relaciones estadísticas conocidas entre las ocurrencias de CAT y los patrones meteorológicos a gran escala.

Turbulencia en ondas de montaña MWT

La turbulencia de las ondas de montaña (MWT) es la turbulencia producida en relación con las ondas que produce la montaña. Es responsable de algunas de las turbulencias más violentas que se encuentran lejos de las tormentas eléctricas. A medida que el aire estable fluye sobre una colina o montaña, comienza a oscilar en un patrón similar a una onda. Las crestas de estas oscilaciones se conocen, generalmente, como ondas de montaña, ondas de sotavento u ondas de pie. Las ondas de montaña pueden llegar a lo alto de la atmósfera, creando perturbaciones que llegan hasta bien entrada la estratosfera. Las ondas de montaña son generalmente estacionarias, con las moléculas de aire oscilantes manteniendo su posición media, de ahí el término onda estacionaria.

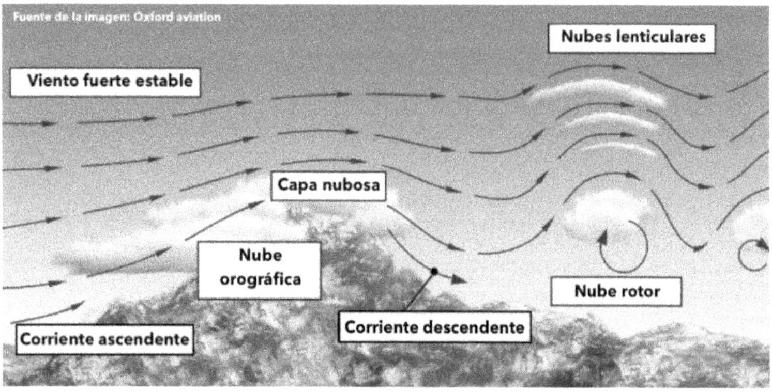

La creación de ondas de montaña requiere que prevalezcan condiciones atmosféricas específicas. En primer lugar, el aire debe ser muy estable, de lo contrario el flujo de aire, al llegar a la montaña, simplemente se elevaría verticalmente, y el patrón de oscilación no se establecería. Además, la velocidad del viento a nivel de la cresta de la montaña debe ser suficientemente alta, y esta velocidad debe aumentar con la altitud. Otro factor crucial es la dirección del viento en relación con la orientación de la cordillera de montañas o colinas. La dirección del viento debe estar aproximadamente a través de la cordillera de colinas o montañas.

A menudo, las ondas de montaña pueden hacerse visibles, ya que pueden crear formaciones de nubes muy distintivas. A medida que el aire suba, en la parte hacia arriba de la oscilación asociada con la onda de montaña, se enfriará adiabáticamente. Este enfriamiento adiabático puede provocar condensación y la formación de nubes. Sin embargo, cuando el aire descienda durante la segunda mitad de la oscilación, se comprimirá y calentará, haciendo que la nube recién formada, se evapore.

Aunque el flujo de aire dentro de las ondas de montaña es laminar y suave, pueden haber severas turbulencias debajo de la ola. El flujo de aire debajo de los picos de las olas a menudo gira de forma turbulenta. Esta zona puede suponer un peligro significativo para las aeronaves, ya que la dirección del viento cambia constantemente dentro de un área muy confinada. La nube, llamada rotor o nube de rollo, a menudo está formada por este flujo de aire turbulento. Pero la severa turbulencia causada por el rotor no siempre se hace visible por la presencia de nubes.

La mejor manera de que los pilotos eviten las zonas de peligro, asociadas con el flujo de aire sobre colinas y montañas, es evitar volar a favor del viento en una serie de montañas o colinas, especialmente por debajo de la línea de la cresta.

Si es necesario sobrevolar una montaña, los pilotos deben hacerlo con una separación adecuada de la cresta o el pico, para evitar la turbulencia del rotor al sotavento de la montaña. Las ondas de montaña estarán presentes a mayor altitud, aunque los signos de nubes no estén allí.

Se puede experimentar una elevación significativa en la parte continua de las oscilaciones de las olas de montaña, especialmente hacia adelante del borde de ataque de la nube lenticular. Los pilotos de planeador pueden elevarse a gran altitud explotando el ascensor asociado con las olas de montaña, que se propaga muy arriba en la estratosfera. El récord mundial de altitud de los planeadores se sitúa en torno a 49.000 pies. La mayor altitud alcanzada por un planeador en vuelo en Gran Bretaña es de más de 31.000 pies. Este récord se obtuvo sobre las Montañas Negras en Gales, donde el pico más alto está por debajo de los 3.000 pies.

Cuando planifiques un vuelo sobre terreno montañoso, reúne tanta información previa al vuelo como sea posible sobre los informes de nubes, la dirección del viento, la velocidad del viento y la estabilidad del aire. Los satélites a menudo ayudan a localizar las olas de montaña. Es posible que no siempre se disponga de información adecuada, así que manténte atento a las señales en el cielo.

¿Qué debes buscar tanto durante la planificación previa al vuelo como durante sus observaciones a bordo?

El viento en la cima de la montaña de más de 25 nudos sugiere cierta turbulencia. El viento de más de 40 nudos a través de una barrera de montaña indica precaución. Las nubes estratificadas significan aire estable. Las nubes lenticulares y/o de rotor en pie sugieren una ola de montaña; espera turbulencias a muchas millas al sotavento de las montañas y un vuelo relativamente suave en el lado de barlovento. Las nubes convectivas en el lado de barlovento de las montañas significan aire inestable; espere turbulencias muy cerca de y a ambos lados de la montaña.

Cuando te acerques a las montañas desde el lado de sotavento durante los fuertes vientos, comienza su escalada muy lejos de las montañas: 100 millas en una ola de montaña y de 30 a 50 millas de lo contrario. Sube a una altitud de 3.000 a 5.000 pies por encima de las cimas de las montañas antes de intentar cruzar.

El mejor procedimiento es acercarse a una cresta en un ángulo de 45° para permitir un retroceso rápido hacia un aire más tranquilo. Si no puedes cumplir con tu primer intento y tienes una mayor capacidad de altitud, puedes retroceder y hacer otro intento a mayor altitud. A veces es posible que tengas que elegir entre dar marcha atrás o desviarte de la zona.

Volar en aeropuertos de montaña y valles no es un procedimiento seguro durante los fuertes vientos. Las montañas canalizan el viento en pases y valles, aumentando así la velocidad del viento e intensificando la turbulencia. El viento superficial puede ser relativamente tranquilo en un valle rodeado de montañas cuando el viento en alto es fuerte. Si despegas en el valle, sube por encima del nivel superior de la montaña antes de salir del valle.

Estela turbulenta

Una aeronave recibe su elevación acelerando una masa de aire hacia abajo. Por lo tanto, cada vez que las alas proporcionan elevación, el aire se fuerza hacia abajo debajo de las alas generando movimientos giratorios o vórtices fuera de las puntas de las alas. Cuando el tren de aterrizaje soporta todo el peso de la aeronave, no se desarrollan vórtices de la punta del ala. Pero en el instante en que el piloto realiza la rotación en los controles, estos vórtices comienzan. Estos vórtices continúan durante todo el vuelo y hasta que la nave vuelva a establecerse firmemente en su tren de aterrizaje.

Estos vórtices se extienden hacia abajo y hacia afuera desde la trayectoria de vuelo. También se desplazan con el viento. La resistencia de los vórtices es proporcional al peso de la aeronave, así como a otros factores. Por lo tanto, la turbulencia de la estela es más intensa detrás de los aviones grandes de categoría de transporte que detrás de los aviones pequeños. En general, es un problema solo cuando se sigue el avión más grande.

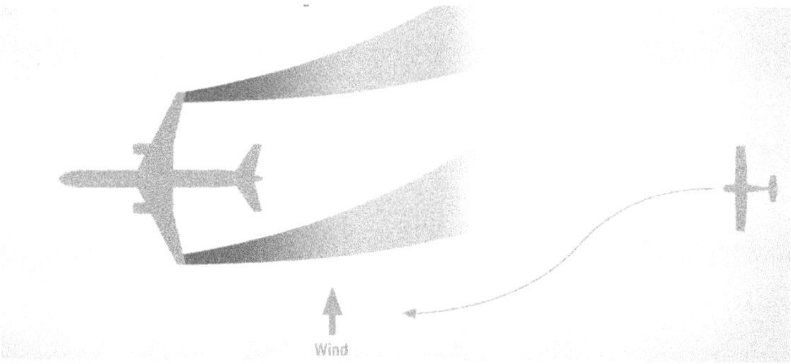

La turbulencia persiste varios minutos y puede persistir después de que el avión esté fuera de la vista. En los aeropuertos controlados, el controlador generalmente advierte a los pilotos en las cercanías de posibles turbulencias de estela. Los vórtices detrás de los aviones de hélice comienzan solo una corta distancia detrás del despegue. Después de un aterrizaje, los vórtices terminan aproximadamente en el punto en el que la rueda de la nariz aterriza. Se debe evitar volar a través de estos vórtices. Más específicamente, cuando se utiliza la misma pista que un avión más pesado, y tomando en cuenta las siguientes consideraciones:

Si aterrizas detrás de otro avión, mantén tu aproximación por encima de su aproximación y mantén tu touchdown más allá del punto donde su rueda de nariz tocó la pista.

Si aterrizas detrás de una aeronave que despega, aterriza solo si puedes completar tu carrera de aterrizaje antes de llegar al punto medio de su carrera de despegue.

Si despegas detrás de otro avión que despega, hazlo solo si puedes estar en el aire antes de llegar al punto medio de su carrera de despegue y solo si puedes subir lo suficientemente rápido como para mantenerte por encima de su trayectoria de vuelo.

Si debes despegar detrás de un avión que aterriza, no lo haga a menos que pueda rodar a velocidad de taxi hasta el punto donde tocó su rueda de nariz, en caso de que el remanente de pista sea suficiente.

Las recomendaciones para operar, tanto en despegue como en aterrizaje, desde o hacia pistas paralelas, se basan en la dirección del viento. En caso de que debas operar en una pista paralela donde exista otra pista al lado y se encuentre operando una aeronave de gran porte, será seguro operar si la dirección del viento arrastra a la estela turbulenta hacia el lado opuesto de la pista que preveas utilizar.

Análisis de accidentes

Las turbulencias han causado varios accidentes y lesiones en pasajeros y tripulaciones. Durante el vuelo, durante la aproximación, durante el aterrizaje, en cualquier momento la turbulencia es una situación que puede poner en riesgo a la seguridad del vuelo.

Ryanair Boeing 737-800: Un Boeing 737-800 de Ryanair, con matrícula EI-EPC que realizaba el vuelo FR-9017 de Fez (Marruecos) a Barcelona, España, descendía hacia Barcelona cuando la tripulación observó una nube cumulonimbus en su radar meteorológico y solicitó desviarse alrededor de al tormenta. El Control autorizó el desvío.

Anticipándose a la posibilidad de turbulencias, el capitán informó a la tripulación de cabina sobre esta posibilidad y les ordenó que aseguraran la cabina de pasajeros. Mientras se desviaba, el avión se encontró con un área de turbulencia severa que causó aceleraciones verticales de hasta +3,1G. Tras el encuentro con la turbulencias, la tripulación de cabina informó al capitán de que dos tripulantes estaban incapacitados y que necesitaban asistencia médica en Barcelona.

El avión continuó para un aterrizaje seguro en Barcelona. Las autoridades españolas informaron de que una azafata y un pasajero recibieron lesiones graves, 3 azafatas lesiones leves, todas ellas llevadas a un hospital. Además, varios pasajeros necesitaron asistencia médica en el aeropuerto. El avión volvió al servicio unas 3:20 horas después de aterrizar.

United Embraer ERJ-145: Un Embraer ERJ-145 de Expressjet en nombre de United, matrícula N16954 que realizaba el vuelo EV-4538/ UA-4538 desde Grand Rapids, MI a Newark, NJ (EE. UU.). Volaba en ruta a FL370, a unos 50 nm al oeste de London, ON (Canadá), desviándose para evitar de una tormenta severa a alrededor de las 23:19 Z, cuando el control del tráfico aéreo observó que el avión ascendía FL376, y luego descendía rápidamente a FL337, para luego regresar al FL370 asignado y reportando turbulencias extremas.

El avión continuó hacia Newark para un aterrizaje seguro. El TSB canadiense informó que el ATC observó que el avión subía y luego descendía rápidamente a FL340 a unos 8800 pies por minuto. No hubo lesiones ni daños, solo un mal momento para los pasajeros.

Air France Airbus A330-200: Un Airbus A330-200 de Air France, matrícula F-GZCG realiza el vuelo AF-3575 desde Antananarivo

(Madagascar) a París Charles de Gaulle (Francia). Estaba en ruta volando a FL360 sobre Tanzania, cuando la tripulación rechazó las indicaciones del control del tráfico aéreo para subir a FL380 dos veces. Los sistemas de piloto automático y autoempuje, así como los directores de vuelo, estaban conectados, el piloto automático estaba en modo LNAV y ALT, el autoempuje en modo VELOCIDAD manteniendo 0,81 mach.

No hubo retornos en el radar meteorológico con varios ángulos de inclinación y los rangos variaron entre 40 y 160 nm, cuando la tripulación notó que la velocidad comenzó a aumentar. Poco después se vio un destello y una nube en el lado derecho. La velocidad alcanzó los 0,83 mach, la tripulación intentó reducirla velocidad automática sin éxito, luego extendió los frenos de velocidad durante unos 15 segundos, lo que redujo la velocidad a 0,79 mach, después de que los frenos de velocidad se retrajeran, la velocidad volvió rápidamente a 0,82 mach.

Se produjo otro destello por delante de la aeronave y se encontraron con turbulencia severa, mientras que el piloto activó las señales de sujeción del cinturón de seguridad.

Durante la turbulencia, el ángulo de pitch continuó aumentando hasta que el piloto automático se desconectó. El piloto intentó reducir el ángulo de pitch al llevar la nariz hacia abajo, sin embargo, el pitch continuó aumentando. El sistema de potencia automática se desconectó repentinamente.

El piloto al mando finalmente pudo detener la subida en FL380, y después de 10 segundos en ese nivel máximo, comenzó a descender el avión de vuelta al FL360 asignado. El piloto volvió a conectar los sistemas de vuelo automático. El resto del vuelo a París fue sin más incidentes y se completó con un aterrizaje seguro. Una azafata y un pasajero fueron tratados por lesiones leves, recibidas en el momento de la turbulencia.

Emirates Airbus A380-800: Un Airbus A380-800 de Emirates, matrícula A6-EUL realizaba el vuelo EK-412 desde Dubai (Emiratos Árabes Unidos) a Sídney, NS (Australia). Estaba en ruta en FL350 a unos 630 nm al sureste de Mascate (Omán) y a unos 820 nm al noroeste de Male (Maldivas). El A380 continuó el vuelo a Sídney sin ningún incidente aparente y aterrizó a salvo.

El avión ejecutivo Challenger 604 de MHS Aviation (Múnich) realiza el vuelo MHV-604 de Male (Maldivas) a Abu Dhabi (Emiratos Árabes Unidos) con 9 personas a bordo. Estaba en ruta en FL340 sobre el Mar Arábigo a unos 630 nm al sureste de Mascate, cuando la tripulación observó un Airbus A380-800 que pasaba 1000 pies por encima. Después de pasar por debajo del A380 alrededor de las 08:40Z, la tripulación perdió el control del avión como resultado de la severa estela de turbulencia del A380. Pudo recuperar el control del avión luego después de perder unos 10.000 pies.

El fuselaje experimentó Cargas G muy altas durante el abrupto movimiento. Varios ocupantes recibieron lesiones. Después de que la tripulación lograra estabilizar el avión, decidieron desviarse a Mascate (Omán). Ingresaron en el espacio aéreo de Omán a las 14:10L (10:10Z), declarando la emergencia e informando de lesiones a bordo. Continuó para aterrizar en Mascate a las 15:14L (11:14Z) sin más incidentes. Varios ocupantes fueron llevados a un hospital. Se informó de un ocupante con lesiones graves. El avión recibió daños irreparables y fue retirado del servicio.

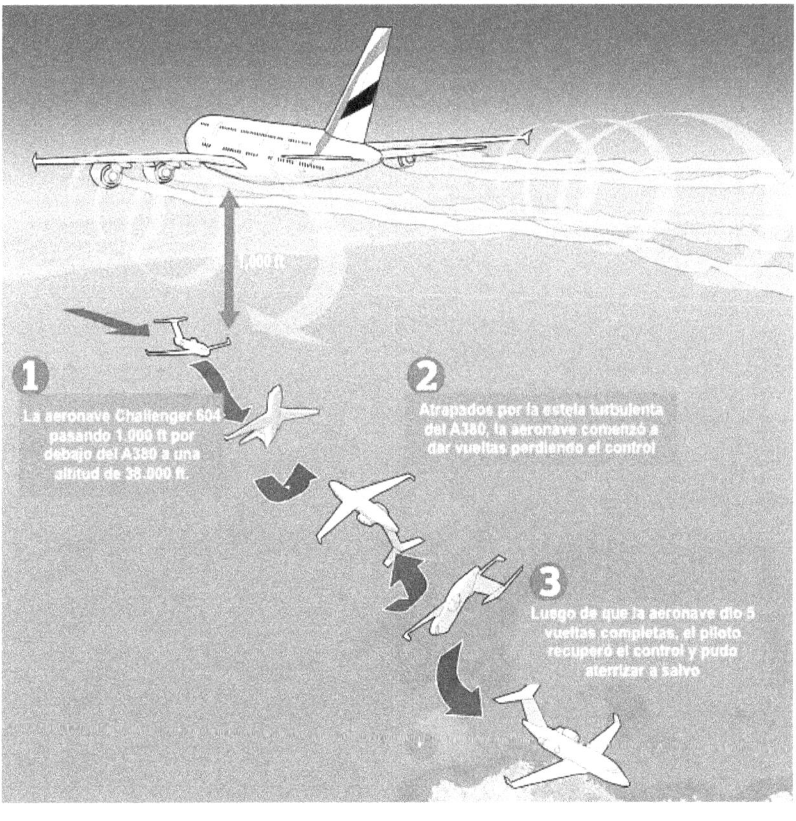

La Autoridad de Aviación Civil de Omán, había dicho a los medios de comunicación omaníes que un avión privado había realizado un aterrizaje de emergencia y la tripulación había declarado una emergencia debido a lesiones a bordo y problemas con un motor.

US Airways Airbus A319: Un Airbus A319-100 de US Airways, con matrícula N808AW que realizaba el vuelo US-496 de Phoenix, AZ a Denver, CO (EE. UU.) con 93 pasajeros y 5 tripulantes, se acercaba a Denver descendiendo de FL390 a FL330, cuando el avión se encontró con turbulencia severa. Posteriormente, la tripulación informó que dos auxiliares de vuelo habían resultado heridos y declaró una emergencia médica, solicitando paramédicos a la llegada. El avión continuó para un aterrizaje seguro en la pista 35L unos 17 minutos después del evento con la turbulencia.

El avión rodó hasta la puerta de desembarque, donde los servicios médicos aún no habían llegado unos 15 minutos después de la solicitud. Una azafata recibió lesiones graves (fracturas), otra azafata y dos pasajeros lesiones leves. La aeronave sufrió daños menores en el interior de la cabina (grietas en el techo de la cabina).

Capítulo 3

Windshear

Aviation Bookstore
aviation step by step

Aviation Bookstore
aviation step by step

Introducción

La ráfaga intensa (windshear) a baja altitud es un peligro importante para las aeronaves. Los efectos de la ráfaga del viento en las fases de despegue, aproximación y aterrizaje, han sido responsables de numerosos accidentes con aeronaves de todo tipo. El objetivo de este capítulo es que el piloto aprenda las definiciones de ráfaga, dónde y cuándo esperar la ráfaga, y qué medidas se deben tomar para evitar o contrarrestar la ráfaga.

Una fuerte ráfaga cortante del viento es un peligro para la aviación, ya que puede causar turbulencias y grandes fluctuaciones de la velocidad del aire y, por lo tanto, graves problemas de control. Es una amenaza para las operaciones de las aeronaves cuando vuelan cerca del suelo, debido a la altitud limitada para las maniobras, particularmente durante las fases de despegue y aterrizaje.

El fenómeno de windshear genera remolinos entre dos corrientes de viento de diferentes velocidades, y se definirse como variaciones en la velocidad y/o dirección del viento a lo largo de la trayectoria de vuelo de una aeronave, que pueden desplazarla abruptamente de su trayectoria, hasta llevarla a un impacto contra el terreno.

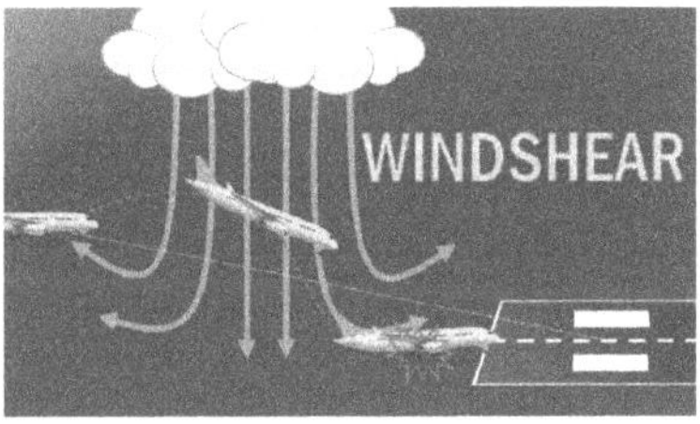

Se trata de un gradiente en la velocidad del viento. Se interpreta en el mismo sentido que un gradiente de presión o gradiente de temperatura; es decir, es un cambio de velocidad del viento a una distancia determinada. Se expresa comúnmente en unidades de velocidad divididas por la distancia; por ejemplo, nudos por cada 1000 pies.

Dado que el viento es un vector, tanto en velocidad como en dirección, la ráfaga cortante del viento puede implicar un cambio en la velocidad o la dirección, o en ambas. Por consideraciones de vuelo, la ráfaga crítica del viento es la ráfaga total a lo largo de la trayectoria del avión. Sin embargo, al considerar sus causas, es conveniente visualizar la ráfaga del viento como compuesta por dos partes: una ráfaga horizontal del viento (un cambio en el viento a una distancia horizontal), y/o una ráfaga vertical del viento (un cambio en el viento a una distancia vertical).

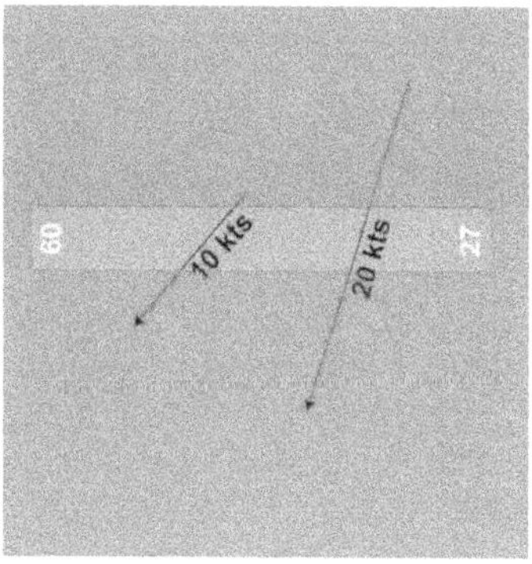

La ráfaga cortante del viento por debajo de los 2.000 pies a lo largo de la trayectoria de aproximación final, o a lo largo del despegue y en la ruta de ascenso inicial, se conoce como ráfaga cortante de viento a bajo nivel (Low Level WindShear).

Cuando se encuentra una cortante de viento al despegar y el viento en contra disminuye o el viento en cola aumenta, el ángulo de ascenso y la tasa de ascenso serán más bajos. En situaciones críticas, es posible que no se superen los obstáculos cerca del aeropuerto. Tanto durante el despegue como durante el aterrizaje, una fuerte cortante del viento con un componente de viento cruzado puede hacer que la aeronave se desvíe de la línea central de la pista. Cerca del suelo, la evasión de los obstáculos cercanos puede llegar a ser difícil o imposible.

El efecto de una aeronave que vuele hacia la ráfaga cortante del viento es que la velocidad aérea indicada de la aeronave disminuirá o aumentará, momentáneamente. Debido a que la elevación generada por las alas de una aeronave depende en gran medida de su velocidad aérea, el efecto de la cortante de viento también es aumentar o disminuir bruscamente la elevación.

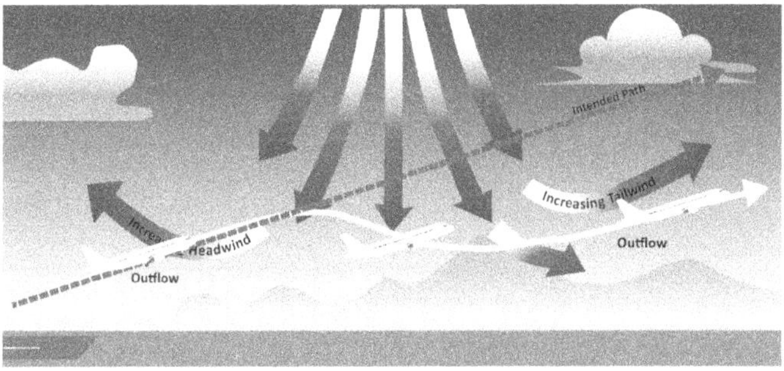

Si un avión se aproxima a aterrizar a una velocidad indicada de 75 KT con un viento en contra de 30 KT, su velocidad sobre el suelo será de 45 KT. Pero, si la ráfaga vertical está presente en la aproximación y la velocidad del viento cae repentinamente a 10 nudos, la aeronave descenderá a través del aire en desaceleración, y el impulso de la aeronave hará que continúe, momentáneamente, viajando a 55 nudos en relación con el suelo.

En consecuencia, durante un período de tiempo muy corto, la velocidad aérea del avión será 55 nudos. Sin embargo, lo más importante es que la sustentación generada por las alas de la aeronave también disminuirá repentinamente, y la aeronave se hundirá por debajo de la trayectoria de aproximación deseada. Si el piloto no está preparado para esta situación, la pérdida de altura puede ser significativa. A continuación se observa una imagen que representa esta situación *(fuente de la imagen: oxford aviation)*.

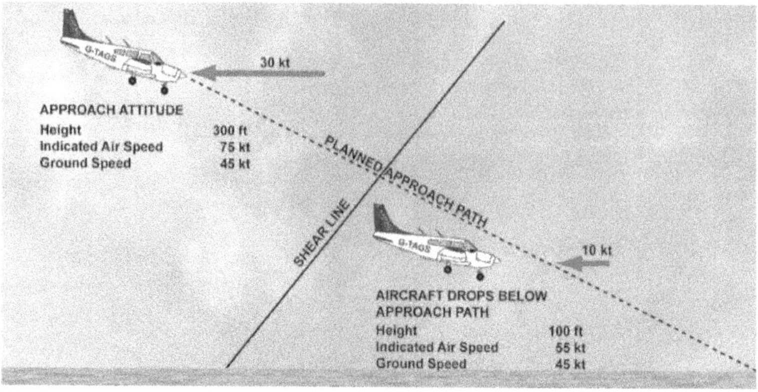

Si la aeronave está cerca del suelo, puede producirse un fuerte aterrizaje, un rebote contra el terreno, o ambos. En casos extremos, tal situación puede tener un grave impacto sobre el terreno, llevando a la destrucción de la aeronave. Por lo tanto, el piloto debe estar siempre al tanto de las condiciones meteorológicas y del viento que pueden dar lugar al fenómeno de windshear. También debe aprender a reconocerlo y cómo reaccionar a los efectos de este si no ha logrado evitarlo.

El principal problema al que se enfrenta un piloto cuyo avión se encuentra con windshear a bajo nivel es el hecho mismo de que puede estar con poca altura como para maniobrar ante una emergencia. En consecuencia, es de suma importancia que la velocidad del aire se controle constantemente y no se permita que disminuya.

Causas de windshear

En los últimos años, la aviación ha llegado a utilizar el término windshear casi exclusivamente para describir la fuerte cortante del viento en las proximidades de una celda nubosa convectiva con microráfagas. La ráfaga del viento de una nube convectiva (microráfaga) se ha identificado como la causa de un número significativo de accidentes relacionados con el factor meteorológico. Sin embargo, es importante recordar que las microráfagas son solo una de las causas del fenómeno de windshear.

La ráfaga crítica del viento para las operaciones de las aeronaves generalmente se produce a microescala; es decir, en distancias horizontales de una milla náutica o menos, y distancias verticales de menos de 1000 pies. Estas escalas son tan pequeñas que es posible que los pilotos no tengan tiempo de maniobrar la aeronave de forma segura para compensar el cambio del viento. Una de las principales herramientas que cuenta el piloto para contrarrestar este fenómeno, es conocer las principales fuentes de windshear.

Frentes: los frentes varían en resistencia. Normalmente, solo son frentes activos bien desarrollados, con zonas frontales estrechas y marcadas diferencias de temperatura, que probablemente conllevan el riesgo de windshear. En un gráfico meteorológico, un piloto debe buscar frentes con cambios bruscos en la dirección del viento en la parte delantera. El piloto también debe tener en cuenta que las diferencias de temperatura de 5 °C o más en una parte delantera, o un movimiento frontal con una velocidad de 30 KT o más, pueden indicar un peligro potencial de windshear

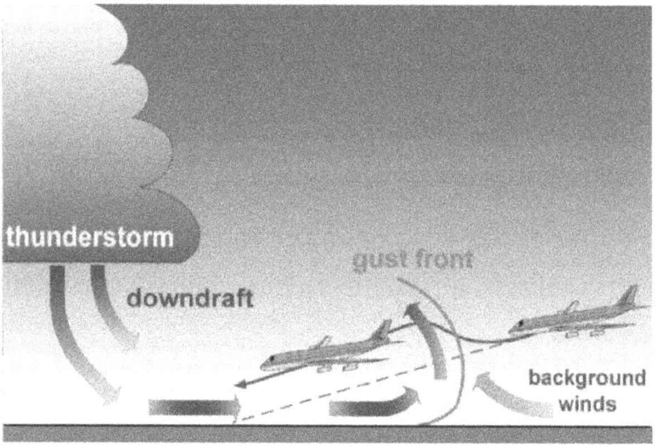

Inversión de temperatura: Una inversión de temperatura se forma cerca de la superficie en una noche clara con viento superficial tranquilo o ligero. El viento justo por encima de la inversión puede ser relativamente fuerte. Se desarrolla una zona de ráfagas de viento entre la calma y los vientos más fuertes de arriba. Los remolinos en la zona de ráfagas causan fluctuaciones de la velocidad del aire a medida que un avión sube o desciende a través de la inversión. Lo más probable es que un avión esté ascendiendo desde el despegue o descendiendo al pasar por la inversión; por lo tanto, la velocidad del aire es lenta, solo unos pocos nudos mayores que la velocidad de pérdida. La fluctuación de la velocidad del aire puede inducir una situación de pérdida de sustentación cerca del suelo.

Una inversión de temperatura de bajo nivel puede desarrollar y separar el flujo de aire superior más fuerte, del aire en movimiento más lento cerca de la superficie, dando lugar a ráfagas de viento en el límite de inversión. Estas inversiones tienden a formarse en noches claras.

Cuando se realiza un despegue o aterrizaje con viento en calma, cielo despejado, antes o después del amanecer, el piloto debe prepárese para una inversión de temperatura cerca del suelo. Si se considera esta posibilidad, se debe incrementar la velocidad de la maniobra a modo de precaución, ya que es muy probable que el vuelo atraviese una zona de ráfagas por inversión térmica.

Windshear topográfico: este fenómeno puede ser causado por la fricción entre el viento más bajo y el suelo, lo que lleva a una marcada disminución de la velocidad del viento. El windshear topográfico también es causado por características naturales o artificiales, como colinas o edificios, que cambian la dirección y la velocidad del viento que sopla sobre ellas. Los edificios aeroportuarios más grandes adyacentes a las pistas, así como las líneas de árboles, pueden crear fuertes ráfagas de viento local, tanto durante la aproximación final, como durante el ascenso inicial.

Microráfagas: se trata de una corriente descendente de aire altamente concentrada y potente, normalmente de menos de 2 millas náuticas de ancho, con una duración de entre 1 y 5 minutos. Las microráfagas son la forma más letal del fenómeno de windshear, con velocidades de viento descendente de 60 nudos o más. Se han reportado una significativa cantidad de accidentes mortales en grandes aeronaves comerciales causados por microráfagas durante la aproximación final. La microráfaga se caracteriza por un fuerte núcleo de aire fresco y denso que desciende de la base de una nube convectiva. A medida que llega al suelo, se extiende lateralmente como un anillo dc vórticc que rueda hacia arriba a lo largo de su límite exterior.

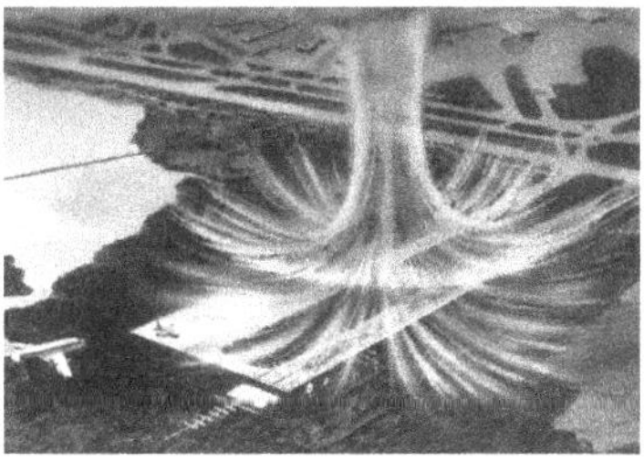

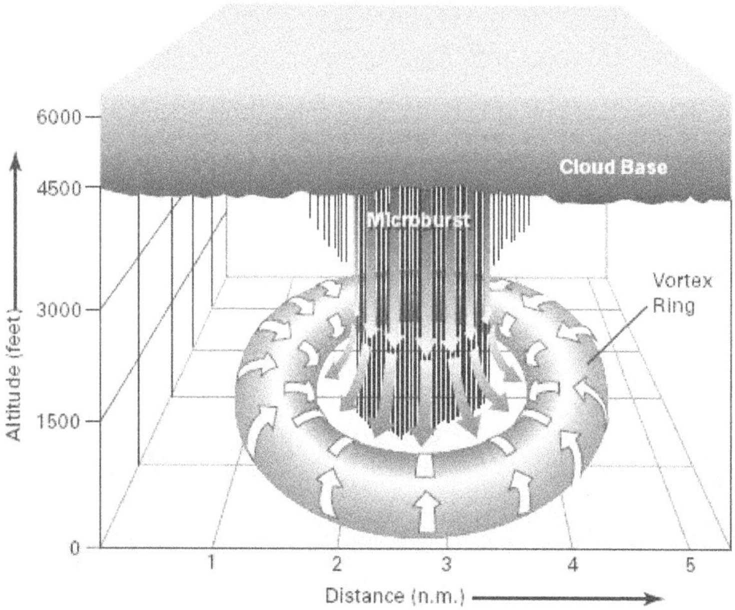

Las velocidades del viento son fuertes y las direcciones se invierten 180° a través de la línea central de la microráfaga. Además, los fuertes movimientos descendente y las fuertes lluvias en el centro del estallido también reducen la elevación. Todo esto tiene lugar en un período de tiempo muy corto, cerca del suelo y, con frecuencia, con techos y visibilidades bajos.

Los peligros incluyen las fuertes corrientes descendentes, a menudo con fuertes precipitaciones; las fuertes ráfagas horizontales del viento desde un lado de la microráfaga hacia el otro lado; y la turbulencia en los anillos del vórtice. El recuadro de la parte superior izquierda es una fotografía del anillo de vórtice de una microráfaga visible por condensación. Fuente de la imagen: Biblioteca Fotográfica de la NOAA, Biblioteca Central de la NOAA.

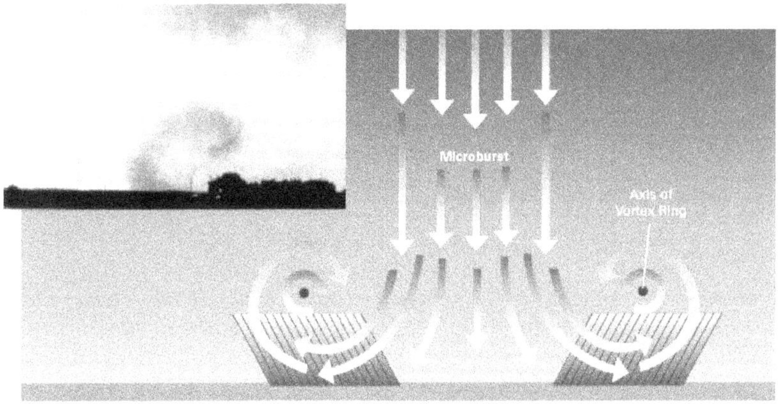

La vida útil de una microráfaga oscila entre 5 y 30 minutos, una vez que llega al suelo. La mayoría de las microráfagas se debilitan significativamente en solo unos minutos. La velocidad máxima de salida observada en una microráfaga media es de unos 25 nudos. Un avión que cruza una microráfaga típica experimenta un cambio promedio de viento en contra de unos 45 nudos. Este Low Level Windshear supera las capacidades de la mayoría de las aeronaves ligeras, y es aproximadamente el máximo que pueden tolerar los transportes de aviones pesados.

La microráfaga puede moverse y distorsionarse bajo la influencia del campo de viento. Estas microráfagas de "viaje" tienen vientos más fuertes en el lado del viento a favor; es decir, en la dirección en la que se mueve la microráfaga.

En climas húmedos, las bases de nubes convectivas tienden a ser bajas. Estas condiciones producen estallidos y microráfagas “húmedas”, que están estrechamente asociados con un fenómeno de lluvia visible. Sin embargo, en climas secos, como en los desiertos y montañas, las bases de nubes de tormentas eléctricas suelen ser altas y puede producirse la evaporación completa del fenómeno de lluvia. En este caso, se puede producir una ráfaga o microráfaga "seca". Lasos microráfagas secas se producen principalmente por la tarde y se pueden identificar con estas características visuales.

Volar en windshear

Para el piloto de una aeronave ligera, la mejor manera de lidiar con el fenómeno de windshear es utilizar su conocimiento y comprensión del tema para evitar por completo un windshear severo, si es posible, considerar desviarse a un aeródromo alternativo. Sin embargo, si un piloto se encuentra con una situación de windshear, se pueden considerar las siguientes acciones recomendadas:

- Aumentar la potencia (a toda potencia, si es necesario).
- Mantener o aumentar la velocidad del aire adecuadamente, controlando la actitud de vuelo.
- Coordinar el pitch y la potencia correctamente.
- Prepararse para una aproximación frustrada.

Si el piloto está en el suelo, debe permanecer allí hasta que la intensidad del windshear haya disminuido.

Análisis de accidentes

El windshear es una de las situaciones más peligrosas durante las operaciones de baja altitud. La mayoría de los aviones comerciales tienen instalado un detector de windshear para alertar a los pilotos de esta situación, pero no siempre se les alerta a tiempo.

Airbus A321 Frontier: Un Airbus A321-200 de Frontier Airlines, matrícula N717FR que realizaba un vuelo de Portland, ME a Orlando, FL (EE. UU.), con 225 pasajeros y 7 tripulantes, estaba en la aproximación final a la pista 18L de Orlando, cuando la torre advirtió sobre una alerta de windshear de 15 nudos a 1 nm en final y autorizó el aterrizaje. La tripulación continuó, se encontró con windshear y aterrizó con fuerza a las 13:29, realizó un aterrizaje abortado y dio la vuelta. El avión se posicionó para otra aproximación a la pista 35R unos 25 minutos después del aterrizaje forzoso y aterrizó sin más incidentes.

El avión aterrizó a casi +4G y sufrió un golpe de cola como resultado del windshear en una final corta cerca del suelo. El daño se avaluó sin indicar destrucción definitiva de los componentes de la aeronave.

El informe metar en ese momento reportó vientos variables a 4 nudos con una ráfaga de 31 nudos, alertando sobre el windshear.

KMCO 081753Z VRB04G31KT 6SM R35L/3500VP6000FT +RA FEW019 BKN037TCU BKN250 28/22 A3000

Air France Airbus A340: Un Airbus A340-300 de Air France, que realizaba el vuelo AF-681 de Bogotá (Colombia) a París Charles de Gaulle (Francia) con 219 pasajeros y 10 tripulantes, estaba acelerando para el despegue de la pista 13R de Bogotá. Antes de que el despegue rodara, el anemómetro de la pista mostraba vientos de 211 grados a 1 nudo.

Durante el despegue, los vientos cambiaron a un componente de viento en contra de unos 13 nudos. A los 138 KIAS, el capitán comenzó a rotar el avión para despegar, cuando los vientos cambiaron a un componente de viento de cola de 12 nudos, la IAS se redujo en 6 nudos. El avión despegó y los vientos cambiaron aún más a un componente de viento de cola de 25 nudos y a un componente de corriente descendente de 4 nudos, mientras que el IAS se redujo a 128 KIAS.

Seis segundos después de que el tren principal saliera del suelo, se produjo una advertencia auditiva de windshear tres veces, se mostró una advertencia roja de windshear en las pantallas de vuelo primarias durante 15 segundos. El capitán mantuvo la actitud de despegue entre 11 y 13 grados, el avión se mantuvo estable a 5 pies AGL, el capitán aumentó la actitud de la nariz hacia arriba hasta que el sistema Alpha Prot se activó durante 4 segundos. El componente del viento de cola comenzó a disminuir, la IAS comenzó a aumentar y el avión comenzó a subir de nuevo cruzando el extremo de la pista a 58 pies AGL.

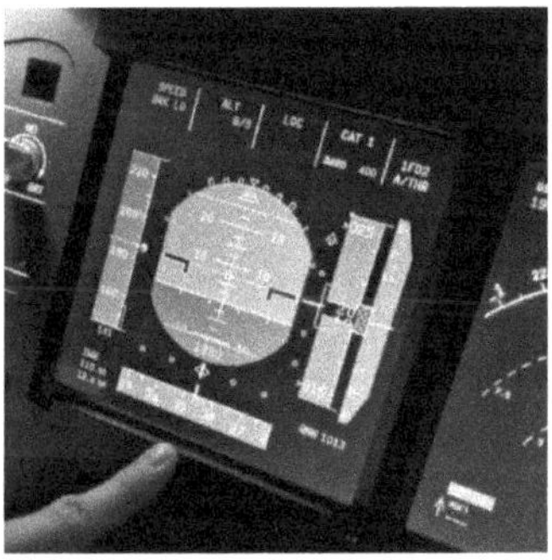

El perfil de ascenso posterior hizo que el avión pasara todos los obstáculos con suficiente margen. 21 segundos después de estar en el aire, la advertencia de windshear se detuvo en 193 pies AGL, un pitch de 13 grados con la nariz hacia arriba.

5 segundos más tarde, a 258 pies AGL, la IAS aumentó a través de 145 KIAS, valor que se había calculado como V2.

El avión ascendió sin más incidentes, la tripulación informó del windshear al ATC (este informe llevó a la siguiente tripulación a esperar 3 minutos antes de comenzar su despegue) y continuó hacia París sin más incidentes.

The path during takeoff

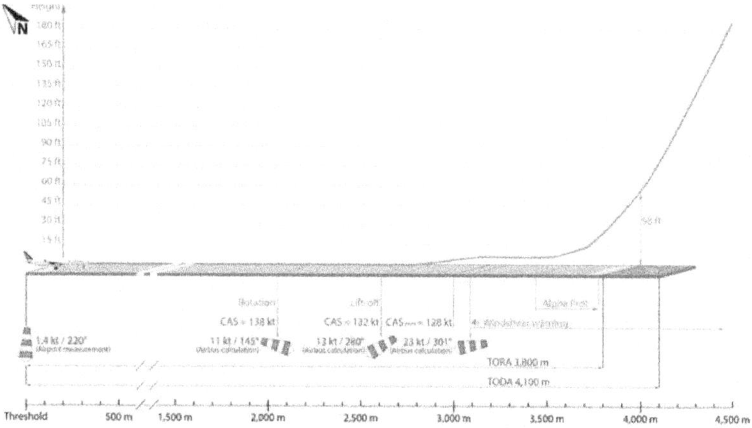

ATR-72 Air Tahiti: Un ATR-72-212A que realizaba el vuelo VT-823 de Nuku Hiva a Atuona (Polinesia Francesa) con 60 pasajeros, aterrizó en la pista 20 de Atuona pero generando un aterrizaje con un impacto severo contra la superficie de la pista.

La aerolínea informó que el avión experimentó un empujón descendente durante el aterrizaje en Atuona y aterrizó con fuerza. Una inspección y evaluación posterior al vuelo por parte del fabricante de la aeronave determinó que al menos uno de los engranajes principales en el tren de aterrizaje, experimentaba cargas más allá de la integridad estructural, como resultado se decidió reemplazar ambos engranajes principales. Debido a la falta de este avión, la aerolínea dijo a sus pasajeros que podrían haber interrupciones en su cronograma de vuelo.

Las autoridades francesas informaron que el avión se encontró con windshear a 100 pies AGL que empujó al avión hacia el suelo. La tripulación no pudo evitar un contacto brusco con la pista.

ATR-72 Voepass: Un ATR-72-212A, que realizaba el vuelo P3-2267 desde Presidente Prudente,SP a Sao Paulo Guarulhos, SP (Brasil) con 23 pasajeros y 4 tripulantes, salía de la pista 12 alrededor de las 05:35, cuando se encontró con una pérdida de altitud debido a una microráfaga. La tripulación aplicó una maniobra de escape, pudo salir y continuar hacia su destino sin más incidentes.

Las autoridades locales informaron de que la aeronave sufrió una pérdida de altitud poco después del despegue, debido a un fenómeno meteorológico. La imagen de satélite infrarroja muestra este fenómeno.

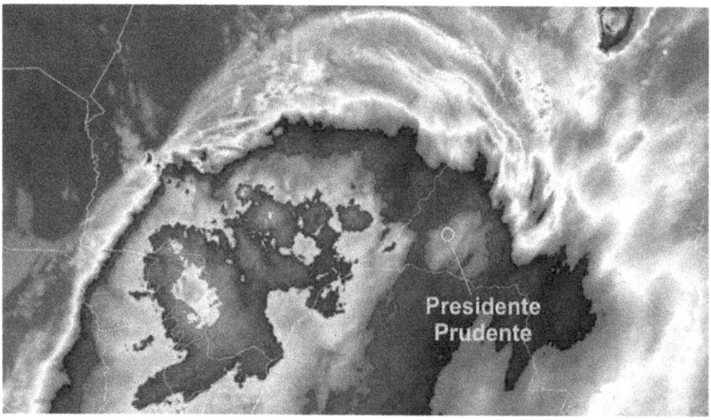

Capítulo 4

Engelamiento

Aviation Bookstore
aviation step by step

Introducción

La formación de hielo en aeronaves es uno de los principales peligros meteorológicos para la aviación. La formación de hielo es un peligro acumulativo. Reduce la eficiencia de la aeronave al aumentar el peso, reducir la elevación, disminuir el empuje y aumentar la resistencia. El engelamiento de las aeronaves puede tener graves efectos negativos, tanto en la planta motriz, como en el rendimiento aerodinámico de sus alas. La seguridad de las operaciones y las vidas de todos los ocupantes de la aeronave, dependen de la capacidad del piloto para entender la formación de hielo y tomar las medidas adecuadas de prevención previo al vuelo, durante este, a fin de prevenir los efectos que la formación de vuelo pueda tener sobre la aeronave.

Nubes y engelamiento

La temperatura del aire y el tipo de formación de nubes determinan el tamaño de las gotas de agua superenfriadas.

Las nubes de tipo cumuliforme suelen tener fuertes corrientes ascendentes verticales de aire que se mueven dentro de ellas. Por lo tanto, la nube cumuliforme puede soportar un número significativo de gotas de agua grandes y superenfriadas. Como resultado, un piloto puede esperar engelamiento leve, moderado, e incluso severo, dentro de estas nubes, especialmente si vuela justo por encima del nivel de congelación. En las nubes cumulonimbus, las corrientes ascendentes son particularmente fuertes, por lo que el riesgo de engelamiento será grave. Los pilotos deben evitar todas las nubes que supongan un riesgo de formación de hielo.

El riesgo de engelamiento en las nubes de capas suele ser mucho menor que el de las nubes cumuliforme. Las nubes estratiformes carecen del desarrollo vertical de las nubes cumiliformes y, por lo tanto, contienen dentro de ellas, corrientes ascendentes relativamente débiles. Incluso, si las temperaturas fueran lo suficientemente bajas como para la formación de grandes gotas de agua superenfriadas, la nube estratiformes tiene poca capacidad para soportarlas. Como resultado, por lo general solo habrá pequeñas gotas dentro de la nube estratiformes y, por lo tanto, es probable que solo se forme hielo ligero en un avión que vuele dentro la nube. Sin embargo, las nubes de Nimbostratus son la excepción a esta regla. Las nubes de Nimbostratus bien pueden contener las corrientes ascendentes capaces de soportar grandes gotas de agua

superenfriadas, lo que hace que el riesgo de engelamiento sea moderado, o incluso grave, dentro de este tipo de nubes.

Existen dos tipos de engelamiento que resultan críticos para el correcto funcionamiento de las aeronaves: el engelamiento por inducción y el engelamiento estructural.

Engelamiento Estructural

La formación de hielo en los aviones se produce debido a la presencia de gotas de agua superenfriadas dentro de las nubes. Las gotas de agua superenfriadas existen como gotas grandes o pequeñas, o como una combinación de ambas. La forma que toman está determinada por la temperatura del aire exterior y el tipo de nube en la que se encuentran. El término gotas de agua superenfriadas describe el agua que todavía está en estado líquido, a pesar de que la temperatura de las gotas es inferior a 0°C. Las gotas de agua superenfriadas solo pueden existir cuando no hay núcleos de congelación en los que las gotas puedan congelarse. Cuando hay núcleos congelados, en forma de polvo u otras impurezas, las gotas de agua se congelarán a su alrededor y formarán hielo.

Las gotas de agua superenfriadas pueden existir en la atmósfera a temperaturas tan bajas como -40°C. Pero cuando se encuentran con una superficie sobre la que pueden congelarse, como la superficie de un avión, las gotas de agua superenfriadas se convertirán en hielo. El borde de ataque del ala de un avión es particularmente propenso a recoger hielo formado de esta manera.

En un entorno de engelamiento determinado, el potencial de engelamiento estructural también depende del diseño y la velocidad de la aeronave. A velocidades más altas, más gotitas impactan contra el avión. Sin embargo, este efecto se compensa parcialmente con el calentamiento debido a la fricción y la compresión. Los aviones a reacción suelen ser menos susceptibles a la formación de hielo debido a sus sistemas de protección de hielo y al exceso de capacidades de empuje, así como al hecho de que en la fase de crucero suelen operar a gran altitud, fuera del rango de temperatura crítico para el engelamiento y, a menudo, por encima de las nubes.

Muchas aeronaves pequeñas de aviación general con motores alternativos, son más vulnerables a la formación de hielo, debido a su falta de protección contra la formación de hielo y su funcionamiento frecuente a altitudes dentro del rango para la formación de hielo. Los helicópteros son extremadamente susceptibles a la formación de hielo en las palas del rotor.

La forma en que la se congela la superficie determina el tipo de engelamiento. Los tipos de engelamiento estructural son: claro, de escarcha y una mezcla de ambos. Cada tipo tiene sus características de identificación. El tipo de engelamiento estructural depende básicamente del tamaño de las gotitas presentes dentro de la nube. A medida que una gota golpea el fuselaje, 1/40 de ella se congelará instantáneamente por cada grado por debajo de la congelación, liberando el calor latente a medida que se congela.

Hielo de escarcha: El hielo de escarcha se forma cuando las gotas son pequeñas, como las de las nubes estratificadas o la llovizna ligera. La parte líquida que queda después del impacto inicial se congela rápidamente, antes de que la caída tenga tiempo de extenderse sobre la superficie de la aeronave. Las pequeñas gotas congeladas atrapan el aire entre ellas, dando al hielo un aspecto blanco. Este tipo de hielo es más ligero que el hielo claro y su peso es de poca importancia. Sin embargo, su forma irregular y su superficie rugosa lo hacen muy eficaz para disminuir la eficiencia aerodinámica de los perfiles aerodinámicos, reduciendo así la sustentación y aumentando la resistencia. El hielo de escarcha es quebradizo y se elimina más fácilmente que el hielo transparente.

El hielo de escarcha tiene una textura áspera similar al papel de lija, creada por la congelación inmediata de las gotas de agua al contacto con el avión, y su posterior acumulación conduce a un crecimiento granular del hielo. Este tipo de hielo se parece mucho al hielo que crece en el interior de los congeladores domésticos.

Hielo claro: Las grandes gotas de agua superenfriadas se encuentran en las nubes, a temperaturas entre 0 °C y -15 °C. Estas gotas más grandes se congelan de una manera diferente a las gotitas pequeñas que causan hielo de escarcha. Cuando una gran gota de agua golpea por primera vez los bordes de ataque de una aeronave, solo esa parte de la gota que toca la aeronave se congelará al instante. El resto de la gota fluye hacia atrás, en la dirección del flujo de aire, congelándose a medida que entra en contacto con la superficie de la aeronave. Este tipo de acumulación produce un tipo de engelamiento llamado hielo transparente o claro.

El hielo claro tiene un aspecto similar al vidrio y es principalmente transparente, lo que dificulta su detección en la observación inicial. El hielo transparente tiene su aspecto debido al poco aire que está atrapado en el interior; el proceso de congelación es lo suficientemente lento como para permitir que se escape el aire dentro de la gota.

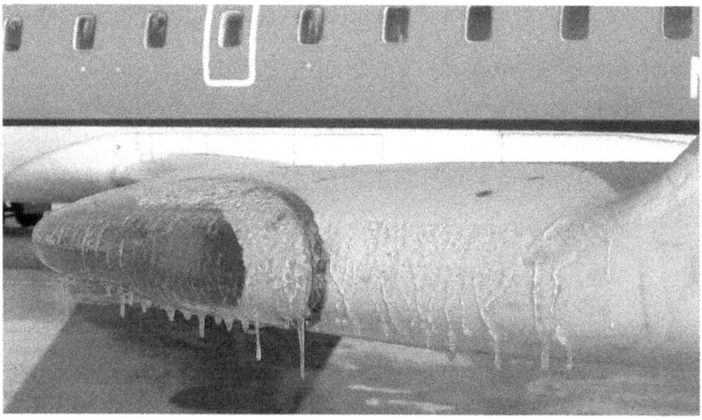

El hielo claro puede ser muy peligroso; puede acumularse rápidamente en las alas y es más difícil de eliminar que el hielo de escarcha. Por lo tanto, el tipo de hielo que se forma en una aeronave dependerá de la temperatura del aire exterior, que determina en gran medida, el tamaño de las gotas de agua.

Hielo mixto: El hielo mixto es una combinación de escarcha y hielo claro. Se forma a temperaturas intermedias (alrededor de -5 °C a -15 °C) y tiene características de ambos tipos. La variación en el contenido de agua líquida en este rango de temperatura, hace que una aeronave que vuela en estas condiciones reciba capas de hielo menos opaco (claro) y más opaco (escarcha).

La gravedad de este engelamiento está determinada por su efecto operativo en la aeronave. Por lo tanto, la intensidad de la formación de hielo (ligera, moderada, grave) está relacionada con la tasa de acumulación de hielo en la aeronave; la eficacia de los equipos de deshielo/antihielo disponibles; y las medidas que se deben tomar para combatir la acumulación de hielo.

Lluvia engelante: El hielo la lluvia engelante es particularmente peligrosos para las operaciones de las aeronaves. Para que se desarrolle una lluvia engelante, el aire caliente debe superar al aire muy frío, cuya temperatura es inferior a 0°C. Estas condiciones solo suelen ser posibles en un frente cálido.

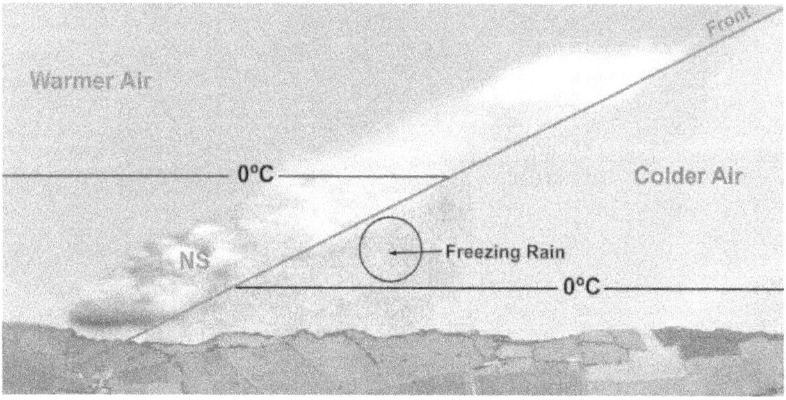

La nube y la lluvia se desarrollan dentro del aire cálido, a medida que se eleva y a lo largo del frente cálido. Parte de la lluvia cae en el aire frío, que está por debajo de 0ºC, lo que hace que las gotas de lluvia se enfríen.

Si un avión vuela bajo la lluvia consistente de gotas de lluvia superenfriadas, la tasa de acumulación de hielo sería tan severa que, en muy poco tiempo, el avión probablemente no podría mantener el vuelo.

Escarchas heladas Este es un tipo de engelamiento que puede desarrollarse fuera de la nube. La escarcha helada es un tipo de helada cristalina, idéntica a la que se puede formar en los parabrisas de los coches en las noches heladas. Pueden desarrollarse en un avión en vuelo o en tierra.

En el suelo, durante las noches claras, cuando la temperatura de la superficie cae por debajo de cero, el vapor de agua en contacto con la aeronave puede convertirse directamente en hielo a través de la sublimación, creando heladas en forma de cristales de hielo. Antes del vuelo, se deben eliminar las formaciones de escarcha helada, ya que interrumpirán el flujo de aire sobre las alas.

En vuelo, se pueden formar heladas en un avión, si este sube rápidamente a través de una inversión de temperatura. Si la temperatura del aire es inferior a 0°C, la superficie de una aeronave, volando bajo, también estará por debajo de 0°C. Por lo tanto, si el avión sube e ingresa a una capa de aire más cálido, el aire que entra en contacto con su superficie se enfriará rápidamente, y puede producirse una sublimación para crear la escarcha helada, pero es probable que sea de corta duración, si el avión permanece en el aire caliente.

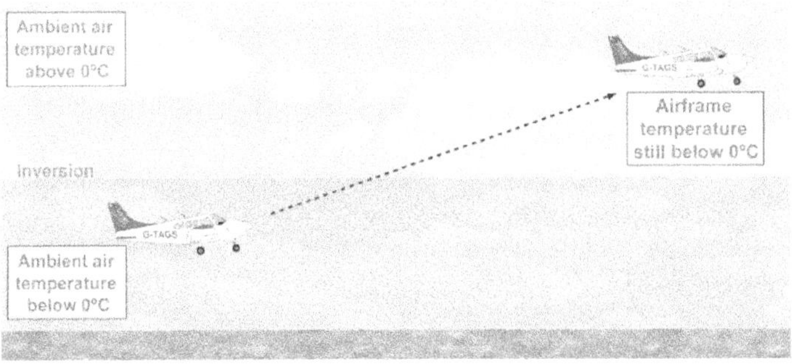

Las heladas pueden formarse durante un rápido descenso desde gran altitud, donde el aire está por debajo de la congelación, hacia un aire más cálido, más cerca del suelo. Si se forman heladas, lo más probable es que se formen debajo de los tanques de combustible, ya que el combustible no se calentará tan rápido como el resto del fuselaje; no es un peligro significativo en comparación con otras formas de engelamiento.

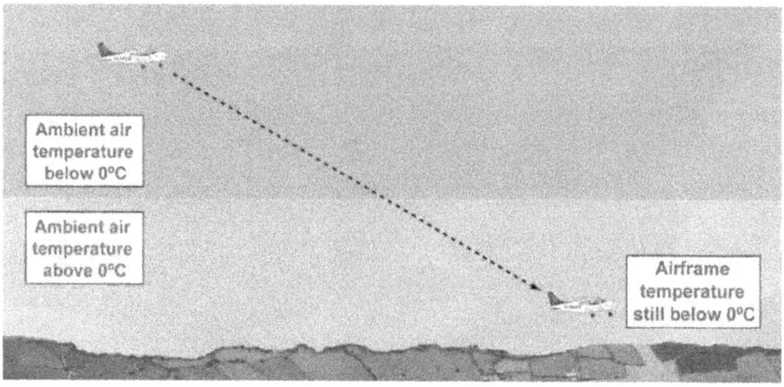

Los efectos del engelamiento

El ala de una aeronave está diseñada para maximizar la sustentación y minimizar la resistencia. La acumulación de hielo alterará significativamente el perfil aerodinámico y, como resultado, se reducirá la sustentación. Cuanto mayor sea la acumulación de hielo, mayor será la pérdida de sustentación. El hielo también puede interrumpir el flujo de aire sobre el fuselaje, creando una resistencia adicional, especialmente en forma de resistencia parásita.

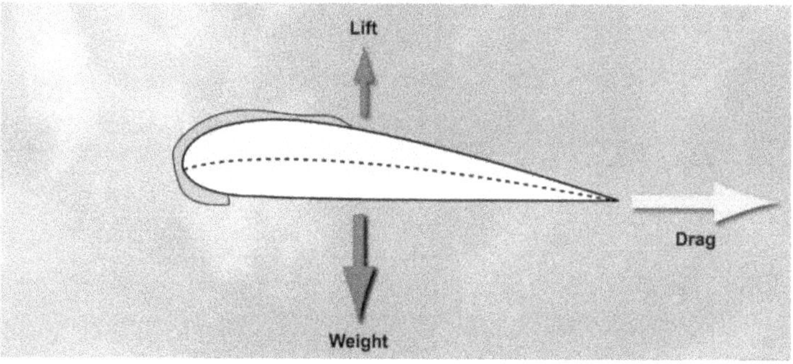

La acumulación de hielo en una aeronave también aumentará el peso de la aeronave. Para contrarrestar el aumento de peso, la sustentación debe aumentar, considerando que el hielo en el fuselaje reducirá la sustentación. La combinación de la disminución en la sustentación y el aumento en el peso, aumentará la velocidad de pérdida de una aeronave y reducirá su estabilidad.

El engelamiento también puede tener un efecto adverso en los instrumentos de las aeronaves. El hielo puede bloquear las tomas de ventilación y los conductos, por lo tanto, los instrumentos que funcionan sobre la base del sistema pitot estático, pueden ser particularmente vulnerables a los errores inducidos por la formación de hielo.

Engelamiento por inducción

El engelamiento por inducción es un término general que se aplica a todo el engelamiento que afecta al funcionamiento de la planta motriz. El principal efecto del engelamiento por inducción es la pérdida de potencia, debido a que el hielo bloquea el aire antes de que entre en el motor, interfiriendo así con la mezcla de combustible/aire. El engelamiento de inducción incluye el engelamiento del carburador y el engelamiento en las tomas de aire.

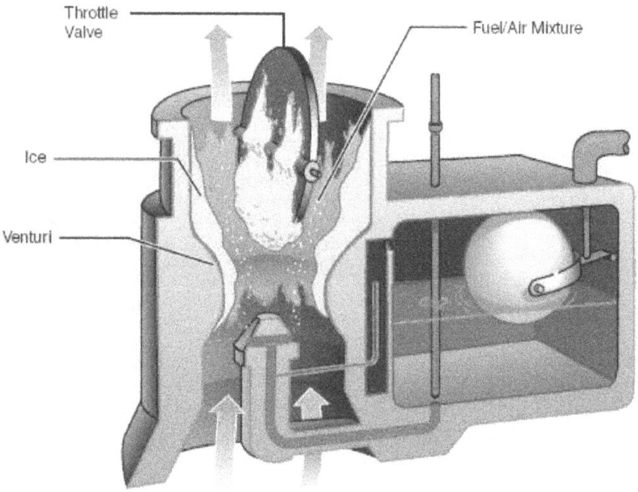

El engelamiento del carburador se produce cuando el aire húmedo arrastrado al carburador se enfría a una temperatura inferior a 0°C, mediante la expansión adiabática y la vaporización del combustible. El hielo se forma en las superficies internas del carburador por deposición; es decir, por la transición del vapor de agua directamente al hielo. El hielo en el venturi del carburador y del acelerador puede bloquear parcial o totalmente el flujo de la mezcla de combustible/aire, lo que resulta en una pérdida parcial de potencia, o en un fallo completo del motor. Este problema se complica por el hecho de que el enfriamiento en el carburador puede ser tan grande que el hielo puede desarrollarse bajo cielos despejados con una temperatura exterior muy por encima de la congelación. El engelamiento del carburador puede ocurrir en condiciones de alta humedad, dentro del rango de temperatura de -17°C a +37°C

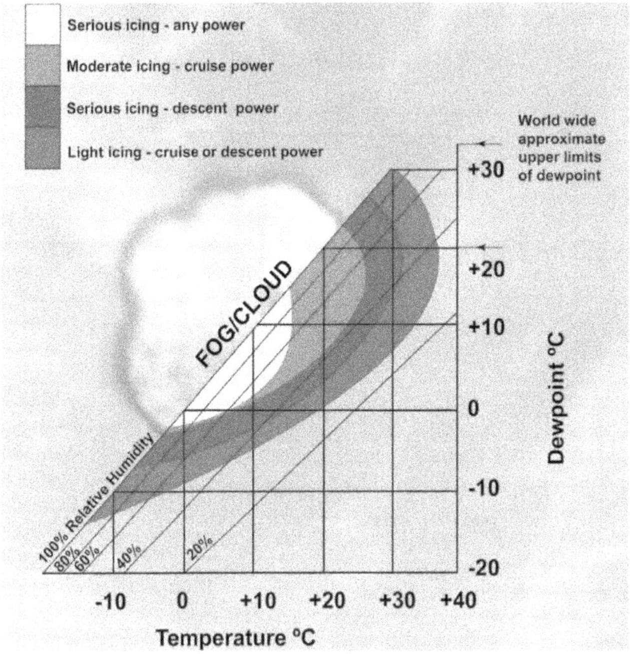

Este gráfico ilustra las condiciones de temperatura y humedad que pueden provocar el engelamiento del motor. Por ejemplo, como se puede leer en el gráfico, cuando la temperatura del aire exterior es de +10°C y la humedad relativa es del 50% o más, un piloto puede esperar un grave engelamiento en el carburador en cualquier ajuste de potencia.

Los pilotos deben ser conscientes de la posibilidad de formación de hielo en el sistema de inducción, ser capaces de reconocer sus síntomas y estar preparados para tomar las medidas para prevenirlo. A menos que se tomen medidas inmediatas para evitar la formación de hielo del sistema de inducción, puede suceder que el motor falle. Las tres formas de engelamiento del sistema de inducción que afectan a los motores de pistón equipados con carburadores son: engelamiento de impacto, engelamiento de refrigeración (también conocido como engelamiento de carburador) y engelamiento de combustible. A continuación, se detallan estos tipos de engelamiento que pueden afectar a una aeronave.

Engelamiento de impacto: Se produce cuando la nieve o las gotas de agua superenfriadas se adhieren o se congelan instantáneamente a medida que entran en contacto con las paredes de admisión de aire, el conducto de admisión y el filtro de aire. La entrada de nieve o gotas de agua superenfriadas puede eventualmente bloquear la entrada de aire y el filtro de aire por completo, haciendo que el motor se detenga.

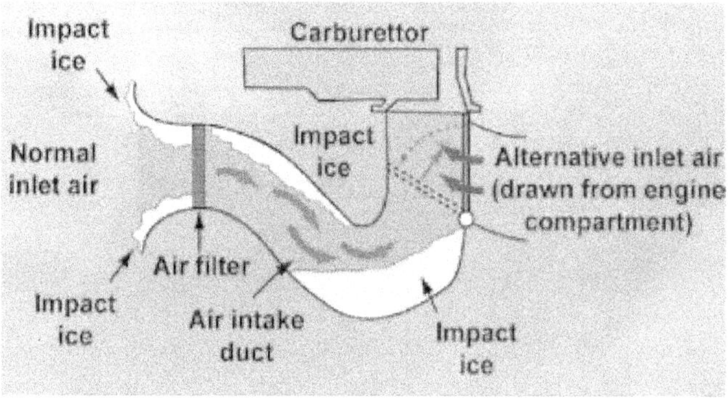

Engelamiento de refrigeración: Cuando la humedad relativa es superior al 50% y la temperatura se encuentra entre -10ºC y +30ºC, se puede acumular otro tipo de hielo, llamado hielo de refrigeración, dentro del sistema de inducción. Este engelamiento se forma en los carburadores de tipo flotador, como resultado de las bajas temperaturas causadas por la vaporización del combustible y la baja presión del aire dentro del carburador, combinada con la humedad en la mezcla aire-combustible.

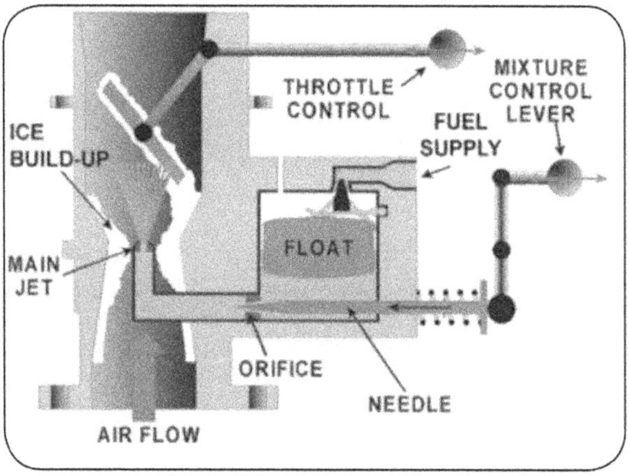

Engelamiento de combustible: El Engelamiento de combustible es causado por la humedad del combustible que sale de la suspensión y se congela por las bajas temperaturas del carburador. Este hielo tiende a acumularse en las curvas interiores del colector de entrada. La acumulación de hielo de esta naturaleza reduce el flujo de la mezcla aire-combustible hacia el motor.

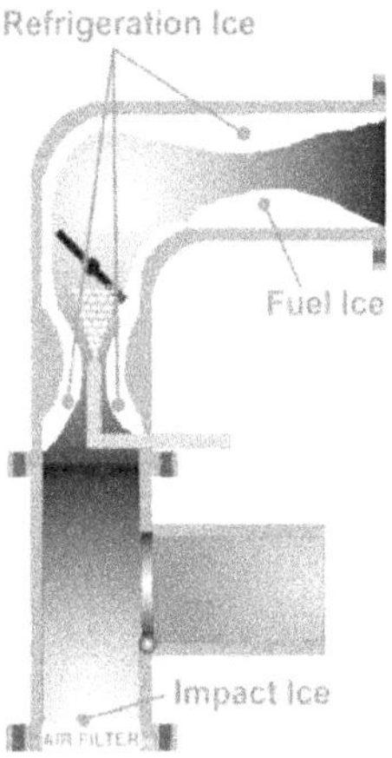

Volando con engelamiento por inducción

Una vez que un motor se ha detenido debido a la inducción o al engelamiento del carburador, es muy poco probable que un piloto pueda reiniciarlo a tiempo para evitar un aterrizaje de emergencia. Por lo tanto, el reconocimiento y la corrección temprana de la aparición del engelamiento son vitales. Las indicaciones de la formación de hielo del sistema de inducción para el piloto de una aeronave equipada con un carburador, y una hélice de paso fijo, serían una caída gradual de las RPM, que podría ir acompañada de un funcionamiento brusco y una vibración del motor. Si la aeronave está equipada con una hélice de velocidad constante, el engelamiento del sistema de inducción se indicaría mediante una caída en la presión del colector (manifold) o una reducción de la velocidad del aire en el vuelo a nivel.

Si el motor está equipado con un carburador, el control térmico del carburador (carburator heat) debe seleccionarse para que esté completamente caliente, siempre que se sospeches un engelamiento del carburador, y dejarse en posición caliente durante un período de tiempo suficiente para limpiar el hielo. Esto podría tardar hasta 1 minuto, o incluso más, dependiendo de la gravedad del engelamiento. Si las condiciones de engelamiento persisten, se debe mantener el calor del carburador encendido.

El aire caliente al carburador siempre debe utilizarse para limpiar el engelamiento, a menos que la aeronave esté equipada con un medidor de temperatura del aire del carburador, en cuyo caso se deben cumplir las instrucciones del fabricante. Se deberán seguir siempre las directrices del manual de operaciones de la aeronave con respecto al uso del aire caliente al carburador.

El control del aire caliente al carburador dirige el aire caliente desde alrededor del tubo de escape hacia el sistema de inducción. El aire caliente derrite el hielo, que luego pasa a través del motor como agua. Esta agua, combinada con el aire caliente, puede hacer que el motor funcione aún más bruscamente durante un corto tiempo. Los pilotos deben tener en cuenta que esto es una señal de que el sistema de calor del carburador está funcionando correctamente y que el hielo se está limpiando.

Es más probable que la formación de hielo se produzca durante períodos prolongados de vuelo a potencia reducida, como durante un descenso de planeo, o durante la aproximación y el aterrizaje. El calor se deriva del motor, por lo que durante los largos descensos a baja potencia o al ralentí, la temperatura del motor disminuirá gradualmente, reduciendo así la eficacia del sistema de aire caliente.

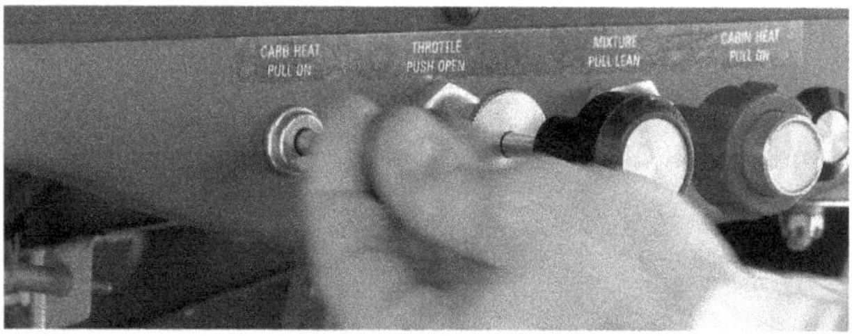

Siempre que exista un riesgo de engelamiento, el piloto debe seleccionar el aire caliente completo antes de reducir la potencia, de modo que se obtengan beneficios del motor caliente antes de que su temperatura comience a reducirse. Para ayudar a mantener las temperaturas del motor y proporcionar un suministro de calor suficiente durante un descenso prolongado. Para evitar que se forme hielo en el carburador, un piloto debe aumentar la potencia periódicamente y luego reducirla, a intervalos de entre 500 y 1.000 pies. Esta acción también evita la suciedad de las bujías.

El engelamiento del carburador puede ocurrir durante el rodaje, en pequeños ajustes del acelerador o cuando el motor está al ralentí. Si se sospecha de la formación de hielo en el carburador, el piloto debe asegurarse de que se utiliza el aire caliente durante el rodaje, pero también debe recordar desactivar el sistema antes de accionar el acelerador a plena potencia para despegar.

Al seleccionar el aire caliente al carburador, suceden una serie de factores que el piloto debe considerar:

La aplicación de aire caliente reduce la potencia del motor en aproximadamente un 15%, y también crea una mezcla más rica, lo que puede causar un funcionamiento brusco.

El aire caliente al carburador no debe seleccionarse en ajustes de potencia superiores al 80%, ya que existe el peligro de detonación y daños en el motor. El engelamiento de admisión no debe producirse en ajustes de alta potencia.

Debe evitarse el uso continuo del aire caliente al carburador, ya que este modifica la resistencia de la mezcla y aumenta las temperaturas del motor.

Se debe tener en cuenta las condiciones que pueden causar el engelamiento del carburador. Es más probable que el engelamiento del carburador ocurra en condiciones de alta humedad; por ejemplo, en días húmedos, nublados, brumosos, o cuando se vuela cerca de la nube, bajo lluvia o llovizna, e incluso a temperaturas muy superiores a 0°C.

Otros Factores de Engelamiento

Además de lo mencionado anteriormente, existen otros factores en la formación de hielo. A continuación se analizan algunos de los más importantes.

Frentes: Una condición favorable para la rápida acumulación de hielo transparente es la lluvia helada debajo de una superficie frontal. La lluvia se forma por encima de la superficie frontal a temperaturas más cálidas que la congelación. Posteriormente, cae a través del aire a temperaturas por debajo de cero y se enfría.

Las gotas superenfriadas se congelan al impactar con la superficie de un avión. Puede ocurrir con un frente cálido o un frente frío. El engelamiento puede ser crítico debido a la gran cantidad de agua superenfriada. El engelamiento también puede llegar a ser grave en las nubes cumulonimbus, a lo largo de un frente frío superficial, a lo largo de una línea de chubascos, o incrustado en el escudo de nubes de un frente cálido.

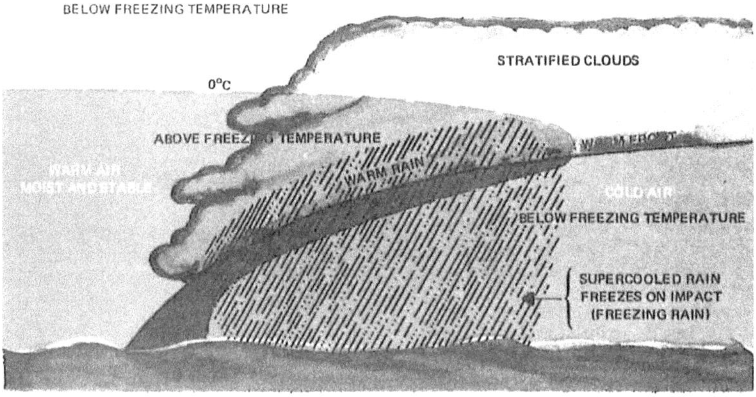

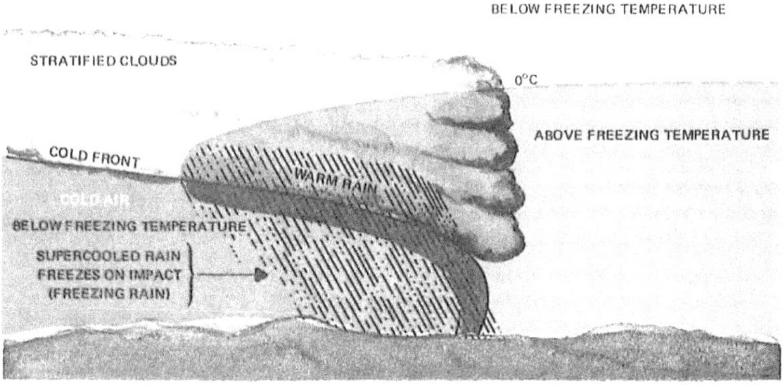

Terreno: La pendiente de un flujo de aire se enfría adiabáticamente. Cuando el aire se enfría por debajo del punto de congelación, el agua se sobreenfría. En el aire estable se desarrolla una pendiente gradual, las gotas de nubes generalmente permanecen comparativamente pequeñas, ya que las gotas más grandes caen a medida que la lluvia lo hace. La acumulación de hielo es bastante lenta y deberías tener tiempo suficiente para salir de ella antes de que la acumulación se vuelva extremadamente peligrosa. Cuando el aire es inestable, las nubes convectivas desarrollan un peligro más grave.

El engelamiento es más probable y peligroso en las regiones montañosas que en otros terrenos. Las cadenas montañosas causan rápidos movimientos de aire ascendentes en el lado de barlovento, y estas corrientes verticales soportan grandes gotas de agua. El movimiento de un sistema frontal a través de una cordillera, a menudo combina la elevación frontal normal con el efecto de pendiente superior de las montañas, creando zonas de engelamiento extremadamente peligrosas.

Cada región montañosa tiene áreas propias de engelamiento, dependiendo de la orientación de las cadenas montañosas al flujo de viento. El engelamiento más peligroso tiene lugar por encima de las crestas y en el lado de barlovento de estas. Esta zona generalmente se extiende unos 5000 pies por encima de las cimas de las montañas; pero cuando las nubes son cumuliformes, la zona puede extenderse mucho más alto.

Estacional: El engelamiento puede ocurrir durante cualquier estación del año; pero en climas templados, el engelamiento es más frecuente en invierno. El nivel de congelación está más cerca del suelo en invierno que en verano, dejando una capa más pequeña de espacio aéreo de bajo nivel libre de condiciones de glaseado. Las tormentas ciclónicas también son más frecuentes en invierno, y los sistemas de nubes resultantes son más extensos. Las regiones polares tienen las condiciones de engelamiento más peligrosas en primavera y otoño. Durante el invierno, el aire es normalmente demasiado frío en las regiones polares, para contener grandes concentraciones de humedad necesarias para el engelamiento, la mayoría de los sistemas de nubes son estratiformes y están compuestos de cristales de hielo.

Engelamiento en superficie: Las heladas, el granizo, la lluvia congelada, o la nieve, pueden acumularse en aviones estacionados. Se debe eliminar todo el hielo antes de iniciar la operación, ya que reduce la eficiencia de vuelo de la aeronave. El hielo puede formarse en las ruedas, mecanismos de freno, bisagras de alerones, etc., e impedir el correcto funcionamiento de estas piezas. El piloto debe tener en cuenta que el hielo en las pistas y calles de rodaje crea problemas de tracción y frenado.

Escarcha: Las heladas son un peligro para volar reconocido durante mucho tiempo en la comunidad aeronáutica. Los pilotos experimentados han aprendido a eliminar todas las heladas de los perfiles aerodinámicos antes del despegue. La escarcha se forma cerca de la superficie, principalmente en aire claro y estable y con vientos ligeros, condiciones que en todos los demás aspectos hacen que el clima sea ideal para volar. Debido a esto, el peligro real a menudo se minimiza. Los perfiles aerodinámicos metálicos delgados, son superficies especialmente vulnerables en las que se formarán las escarchas.

La escarcha no cambia la forma aerodinámica básica del ala, pero la rugosidad de su superficie estropea el flujo suave de aire, causando así una ralentización del flujo de aire. Esta ralentización del aire provoca una separación temprana del flujo de aire sobre el perfil aerodinámico afectado, lo que resulta en una pérdida de sustentación.

Una capa pesada de escarcha dura causará un aumento del 5% al 10% en la velocidad de pérdida. Incluso, una pequeña cantidad de escarcha en los perfiles aerodinámicos puede impedir que una aeronave se mueva a una velocidad normal de despegue. También es posible que, una vez en el aire, una aeronave pueda tener un margen insuficiente de velocidad por encima de la velocidad de pérdida, de modo que las ráfagas moderadas, o el vuelo en viraje puedan producir una situación de pérdida de sustentación.

Al igual que la turbulencia, el engelamiento puede ser de alcance local y de carácter transitorio. Los pronosticadores pueden identificar las regiones en las que es posible la formación de hielo. Sin embargo, no pueden definir los momentos precisos en los que se produce. Se debe planificar el vuelo para evitar aquellas áreas donde el engelamiento probablemente será más severo de lo que el avión puede soportar.

Procedimientos de deshielo y anti hielo

Estos procedimientos buscan reducir el riesgo en las operaciones con temperaturas extremas donde exista la posibilidad de formación de hielo. Dichos procedimientos se encuentran detallados en el manual del operador de la aeronave.

En las operaciones que requiere un tipo de fluido con un HOT elevado suele existir varios operadores realizando la aplicación con el fin de que la demora sea la menor posible permitiendo la partida inmediata de la aeronave.

Por ultimo, conozcamos como es el formato de las tablas del HOT. En este caso una tabla de HOT para la aplicación de un liquido tipo 4. Veamos:

TYPE IV FLUID HOLDOVER TIME GUIDELINES

TYPE IV FLUID A

THE RESPONSIBILITY FOR THE APPLICATION OF THESE DATA REMAINS WITH THE USER

Outside Air Temperature[1]		Type IV Fluid Concentration Neat Fluid/Water (Volume %/Volume %)	Approximate Holdover Times Under Various Weather Conditions (hours:minutes)							
Degrees Celsius	Degrees Fahrenheit		Freezing Fog or Ice Crystals	Snow, Snow Grains or Snow Pellets[2] Very Light[3]	Snow, Snow Grains or Snow Pellets[2] Light[3]	Snow, Snow Grains or Snow Pellets[2] Moderate	Freezing Drizzle[4]	Light Freezing Rain	Rain on Cold Soaked Wing[5]	Other[6]
-3 and above	27 and above	100/0	4:00 – 4:00	2:00	1:45 – 2:00	1:05 – 1:45	1:30 – 2:00	1:00 – 1:40	0:15 – 1:40	
		75/25	3:40 – 4:00	2:00	1:45 – 2:00	1:00 – 1:45	1:40 – 2:00	0:45 – 1:15	0:10 – 1:45	
		50/50	1:25 – 2:45	1:25	0:45 – 1:25	0:25 – 0:45	0:30 – 0:50	0:20 – 0:25		
below -3 to -14	below 27 to 7	100/0	1:00 – 1:55	2:00	1:20 – 2:00	0:50 – 1:20	0:35 – 1:40[7]	0:25 – 0:45[7]	CAUTION: No holdover time guidelines exist	
		75/25	0:40 – 1:20	2:00	1:25 – 2:00	0:45 – 1:25	0:25 – 1:10[7]	0:25 – 0:45[7]		
below -14 to -28.5	below 7 to -19.3	100/0	0:30 – 0:50	0:20	0:10 – 0:20	0:08 – 0:10				

Análisis de Accidentes

Las condiciones de formación de hielo han causado varios accidentes y son uno de los principales peligros en la aviación. Los pilotos tienen que estar muy alerta cuando vuelan en condiciones de engelamiento y tomar medidas correctivas si las cosas no salen como se esperaba.

SAAB 340 Sol Airlines: El 18 de mayo de 2011, un vuelo regional en Argentina se cayó repentinamente desde el cielo sobre el desierto nocturno de la Patagonia, cayendo en espiral hasta su impacto en solo 44 segundos. Todo lo que quedaba del Saab 340 y sus 22 pasajeros y tripulación era un cráter humeante en el desierto y unas transmisiones que contenían un desesperado "mayday" seguido solo de silencio.

Cuando los investigadores finalmente escucharon la grabación de voz de la cabina, pudieron discernir, bajo el ruido estático y de la hélice, los contornos de una tragedia que se desarrollaba. Cuando los dos pilotos se quejaban de la seguridad en la aerolínea, su avión comenzó a acumular hielo a un ritmo alarmante.

Luego, cuando trataron de descender hacia mejores condiciones, el avión de repente se detuvo, inclinándose salvajemente hacia adelante y hacia atrás mientras se desplomaba hacia el suelo, sus pilotos luchando en vano para recuperar el control. Mientras el primer oficial pronunciaba sus últimas y desgarradoras palabras, perecieron junto a sus pasajeros, sin saber hasta el final sobre la razón por la que estaban cayendo.

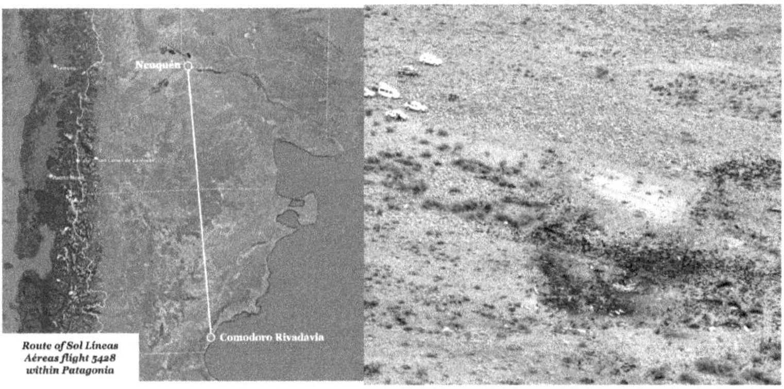

Air Canada CS-300: Un Air Canada Bombardier C-Series CS-300, que realizaba el vuelo AC-334 de Edmonton, AB a Montreal,QC (Canadá) con 135 pasajeros y 5 tripulantes, descendía a través de FL250 hacia Montreal en condiciones de formación de hielo, cuando el sistema neumático derecho falló, causando la pérdida de capacidades anti-hielo de la aeronave.

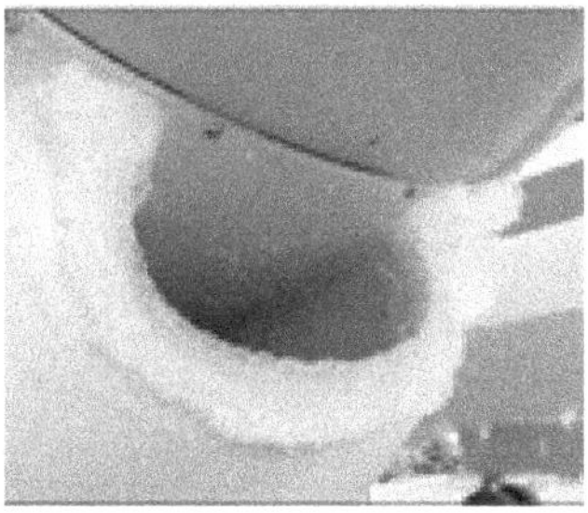

La tripulación declaró la emergencia debido a la necesidad de cruzar la zona de engelamiento a alta velocidad. El avión aterrizó de forma segura en Montreal con los servicios de emergencia en espera.

Dash 8: Un Jazz de Havilland Dash 8-400, matrícula C-GSJZ que realizaba el vuelo QK-8775 de Montreal,QC a Charlottetown, PE (Canadá), aterrizó en Charlottetown. Estaba rodando lejos de la pista cuando la torre observó humo del tren de aterrizaje derecho. Los servicios de emergencia respondieron, se evaluó que era seguro continuar con el taxi hasta la plataforma. Después de llegar a la plataforma, los pasajeros se desembarcaron normalmente.

Las autoridades canadiense informaron: "el personal de mantenimiento inspeccionó la aeronave y determinó que el origen del humo provenía del líquido de deshielo que goteaba sobre los frenos y se quemaba. La aeronave hacia sido rociada con liquido de deshielo en CYUL antes de la salida, debido al aguanieve en la calle de rodaje".

ATR 72-600: El 14 de noviembre de 2016, una tripulación del ATR72-600 perdió el control a FL150 en graves condiciones de formación de hielo. Siguieron con giros descontrolados y una pérdida de altura de 1500 pies durante una aparente pérdida de sustentación. Después de la recuperación, el capitán anunció a los pasajeros alarmados que había recuperado el control y el vuelo se completó sin más eventos.

La investigación encontró que la tripulación había sido consciente de que se habían encontrado con engelamiento severo en lugar del engelamiento moderado previsto, pero había intentado continuar subiendo, lo que llevó al avión fuera de sus limitaciones de rendimiento.

ATR 72-500: El 9 de septiembre de 2017, una tripulación ATR 72-500 perdió temporalmente el control de su aeronave cuando entró en pérdida mientras ascendía en condiciones de engelamiento ligeras a moderadas. La recuperación se retrasó porque no se siguió el procedimiento correcto de recuperación de pérdida. Una declaración MAYDAY, debido a la percepción de problemas de control continuo, fue seguida por una aproximación ILS integralmente desestabilizada hacia Madrid.

La investigación concluyó que el puesto y su secuela eran atribuibles a una gestión deficiente de los recursos del vuelo y al uso inadecuado de la automatización. Se recomendó al operador involucrado que implementara medidas correctivas para mejorar la competencia de sus tripulaciones.

Air Algérie MD 83: En las primeras horas del 24 de julio de 2014, un Boeing MD 83 operado para Air Algérie por el operador español de ACMI Swiftair se estrelló en el norte de Malí mientras se dirigía desde Uagadugú, Burkina Faso, a Argel y en las proximidades de una grave actividad convectiva asociada con tormentas y engelamiento severo.

Las conclusiones iniciales de la investigación concluyen que después de indicios de inestabilidad breve pero simultánea en la función de ambos motores, se perdió el empuje de ambos simultáneamente a casi ralentí y se perdió el control de la aeronave. Siguió el impacto del terreno a alta velocidad, el avión fue destruido y los 116 ocupantes murieron.

EMB-500: El 15 de febrero de 2013, una tripulación del Embraer EMB-500 Phenom 100 perdió el control de su avión poco antes del aterrizaje en Berlin Schönefeld cuando entro en pérdida de sustentación y aterrizó. La investigación no se completó durante casi seis años, pero concluyó que el accidente fue el resultado de la acumulación de hielo durante una aproximación en condiciones de engelamiento, sin activar el sistema anti-hielo.

Se demostró un conocimiento deficiente de la tripulación tanto de los sistemas de protección contra el hielo, como de las maniobras y, sospechando que esto puede ser cierto para otros pilotos con clasificación de tipo, se establecieron recomendaciones de seguridad a las autoridades reguladoras en relación con el plan de estudios de clasificación de tipo de aeronave.

Capítulo 5

Tormentas

Introducción

La tormenta eléctrica es una de las circulaciones atmosféricas más espectaculares que debes respetar como piloto. Puede ser brillante, ruidoso, violento y peligroso en muchos sentidos. En algunas regiones tropicales, las tormentas eléctricas se producen durante todo el año. En las latitudes medias, se desarrollan con mayor frecuencia en primavera, verano y otoño. Las regiones árticas experimentan ocasionalmente tormentas eléctricas durante el verano.

Para que se forme una tormenta eléctrica, el aire debe tener suficiente vapor de agua, una masa de aire y un impulso inicial hacia arriba para iniciar el proceso de tormenta en movimiento. Existen una serie de mecanismos desencadenantes dentro de la atmósfera y en la superficie de la tierra, que harán que el aire ascienda y, en las condiciones mencionadas anteriormente, comenzarán la actividad convectiva necesaria para formar una nube cumulonimbus.

El calentamiento desigual de la superficie es un mecanismo de activación. A medida que la superficie de la tierra se caliente de manera desigual, el aire que está en contacto con las superficies más cálidas comenzará a elevarse. Esto se llama convección. La convección es uno de los principales desencadenantes de las tormentas eléctricas, especialmente en verano.

En las zonas montañosas, el desencadenante de las tormentas eléctricas puede ser el ascenso forzado del aire a medida que fluye por el lado de barlovento de las montañas y colinas. Esto se llama elevación orográfica. Si dos masas de aire se mueven juntas, el aire se verá obligado a elevarse a través de la convergencia.

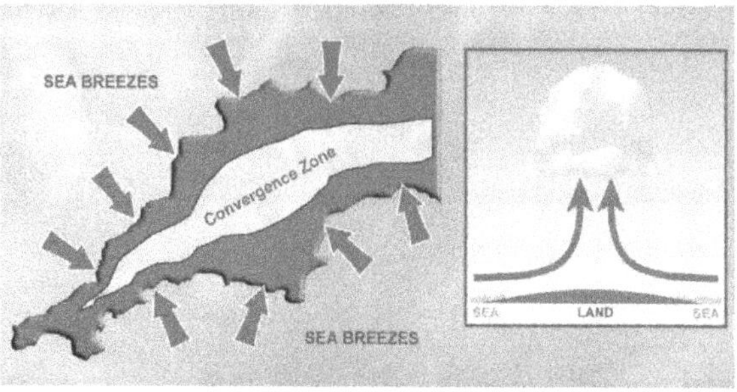

El aire también se ve obligado a elevarse por la elevación frontal. Las nubes Cumulonimbus se asocian comúnmente con la elevación del aire antes de un frente frío. Por otra parte, un cumulonimbus también puede estar incrustado en una nube estratiforme de frente cálido.

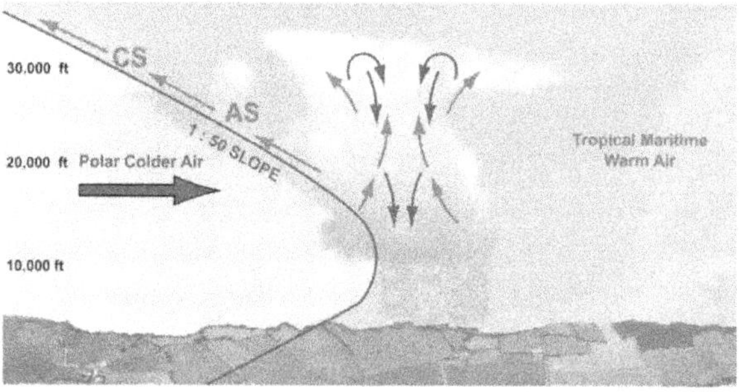

Sobre la base de las observaciones de la superficie, una tormenta eléctrica se define como una tormenta local producida por una nube cumulonimbus, y siempre acompañada de relámpagos y truenos. Por lo general, produce fuertes ráfagas de viento, fuertes lluvias, a veces granizo y ocasionalmente tornados. Suele ser de corta duración, rara vez más de dos horas para una sola tormenta. Sobre la base de la experiencia de vuelo, las tormentas eléctricas también se caracterizan por una turbulencia significativa, engelamiento y fuertes ráfagas del viento (windshear).

Las observaciones meteorológicas especiales (SPECI) se toman para marcar el comienzo y el final de una tormenta eléctrica, y para informar de cambios significativos en su intensidad. Además de la información codificada estándar sobre el estado del cielo, el clima, la visibilidad, la presión, la temperatura y el viento; la evidencia de la presencia de tormentas eléctricas también se encuentra en la sección de comentarios de los informes meteorológicos superficiales. A continuación se muestra un ejemplo.

SPECI KCVG 312228Z 28024G36KT 3/4SM +TSRA SQ BKN008 OVC020CB 28/23 A3000 RMK TSB24 TS OVHD MOV E

Observaciones decodificadas: La tormenta eléctrica comenzó 24 minutos después de la hora. La tormenta eléctrica se está moviendo hacia el este.

Clasificación de tormentas eléctricas

Hay dos tipos básicos de tormentas eléctricas: una tormenta eléctrica ordinaria, frecuentemente descripta como una tormenta eléctrica de masa de aire, y una tormenta eléctrica severa. Una tormenta eléctrica severa tiene una intensidad mayor que una tormenta eléctrica de masa de aire, basada en la gravedad del clima que produce: ráfagas de viento de 50 nudos o más y/o granizo de tres cuartos de pulgada o más de diámetro y/o tornados fuertes.

El componente básico de cualquier tormenta eléctrica es la célula. En las etapas iniciales, esta es la región ascendente de la creciente tormenta eléctrica. Más adelante en el desarrollo de la tormenta eléctrica, incluye el tramo descendente inducido por las precipitaciones. Una tormenta eléctrica puede existir como una tormenta unicelular, multicelular o supercélula.

Una tormenta eléctrica de masa de aire de una sola celda dura menos de una hora. Por el contrario, una tormenta eléctrica grave de supercélulas puede durar dos horas o más.

Una tormenta multicelular es un grupo compacto de tormentas eléctricas. Por lo general, se compone de células de tormentas eléctricas de masa de aire y/o células de tormentas eléctricas severas en diferentes etapas de desarrollo. Estas células interactúan entre sí para hacer que la duración del núcleo sea mucho más larga que cualquier célula individual.

El ciclo de vida de las tormentas eléctricas

Hay tres etapas principales en el desarrollo de una tormenta eléctrica: la etapa inicial o de cúmulo, la etapa madura o cumulonimbus y la etapa de disipación.

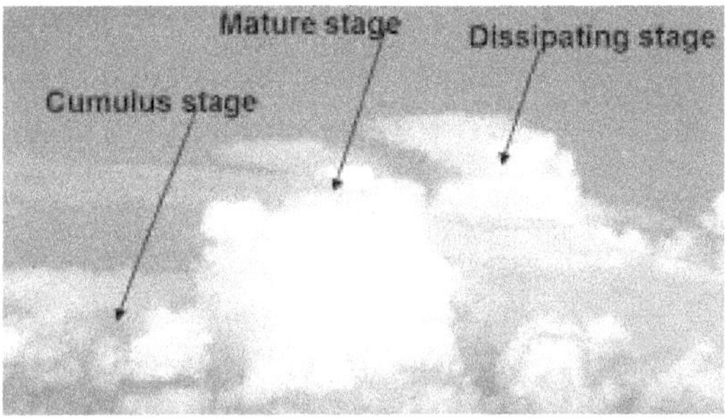

Las tres etapas del ciclo de vida de una tormenta eléctrica de una sola celda se ilustran a continuación. Las líneas discontinuas verticales indican los límites del aire frío que descienden con el eje de lluvia. Las líneas discontinuas horizontales indican el nivel de congelación.

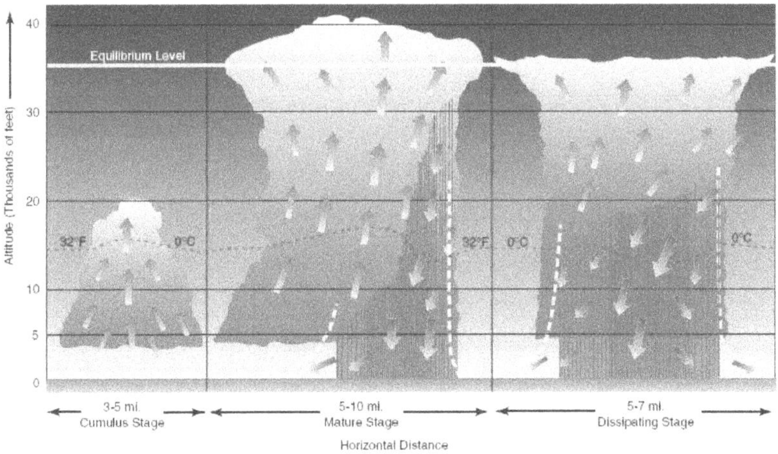

Es prácticamente imposible detectar visualmente la transición de una etapa a otra; la transición es sutil y de ninguna manera abrupta. Además, una tormenta eléctrica puede ser un grupo de células en diferentes etapas del ciclo de vida.

Etapa inicial: Se caracteriza por fuertes corrientes ascendentes y por el rápido crecimiento, tanto horizontal como vertical, de una nube de cúmulos. Las fuertes corrientes ascendentes producen nubes de gran extensión vertical, ya que el aire se introduce en la nube desde abajo y desde los lados.

Esta etapa inicial suele durar unos 20 minutos y puede producir una nube de hasta 5 millas de ancho y 25.000 pies de alto. El cúmulo de rápido desarrollo a menudo se llama cúmulo congestus o cúmulo imponente. Al principio de la etapa de cúmulo, las gotas de agua son bastante pequeñas, pero crecen hasta el tamaño de una gota de lluvia a medida que crece la nube. El aire transporta el agua líquida por encima del nivel de congelación, lo que crea un peligro de engelamiento. A medida que las gotas de lluvia se vuelven aún más pesadas, caen. La lluvia fría arrastra el aire con ella creando una corriente descendente fría que coexiste con la corriente ascendente; la célula ha alcanzado la etapa madura.

Etapa de maduración: La precipitación que comienza a caer de la base de nubes, dando la señal de que se ha desarrollado una corriente descendente y una célula ha entrado en la etapa madura. La lluvia fría en la corriente descendente retrasa el calentamiento por compresión, y la corriente descendente permanece más fría que el aire circundante. Por lo tanto, su velocidad descendente se acelera y puede superar los 2500 pies por minuto. El aire descendente se extiende hacia afuera en la superficie produciendo vientos superficiales fuertes, una fuerte caída de la temperatura y un rápido aumento de la presión.

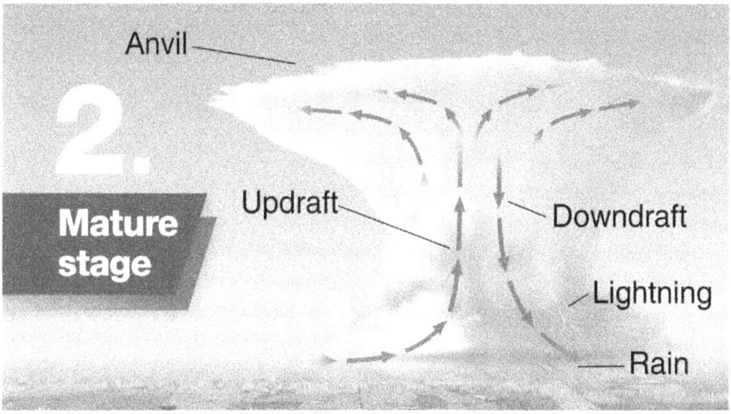

Mientras tanto, las corrientes ascendentes alcanzan un máximo con velocidades que posiblemente superan los 6000 pies por minuto. Las corrientes ascendentes y descendentes en estrecha proximidad crean una fuerte ráfaga vertical y un entorno muy turbulento. Todos los peligros de la tormenta eléctrica alcanzan su mayor intensidad durante la etapa madura.

Las partículas ascendentes y descendentes de lluvia, granizo y nieve provocan una acumulación de electricidad estática dentro del cumulonimbus. La parte superior del cumulonimbus se carga positivamente mientras que la parte inferior se carga negativamente. La carga negativa en la base del cumulonimbus induce una carga positiva en la superficie de la Tierra debajo de la base de nubes.

La parte superior de la célula madura, a menudo llega a la estratosfera inferior. La nube cumulonimbus característica de esta etapa, se identifica fácilmente por la apariencia de su parte superior.

La parte más alta de la nube desarrolla un aspecto cirrúforme debido a las temperaturas muy frías y a la fuerte estabilidad de la estratosfera. Los movimientos verticales se amortiguan y la nube se extiende horizontalmente, formando finalmente la conocida forma de yunque.

Cuando se forma la parte superior del yunque, apunta en la dirección de los vientos en la parte superior de la tormenta eléctrica. Esta es la dirección en la que se mueve la tormenta.

En las tormentas de base alt, se producen rayos y truenos, pero la precipitación a menudo se evapora antes de llegar al suelo. En este caso, solo se observa un velo de precipitación conocido como VIRGA inmediatamente debajo de la base nublada. La combinación de rayos y vientos, en ausencia de precipitaciones, es a menudo una causa de incendios forestales. Además, a pesar de la falta de lluvia, la corriente descendente y los vientos asociados todavía pueden producir peligros para el vuelo, como fuertes corrientes descendente y turbulencias.

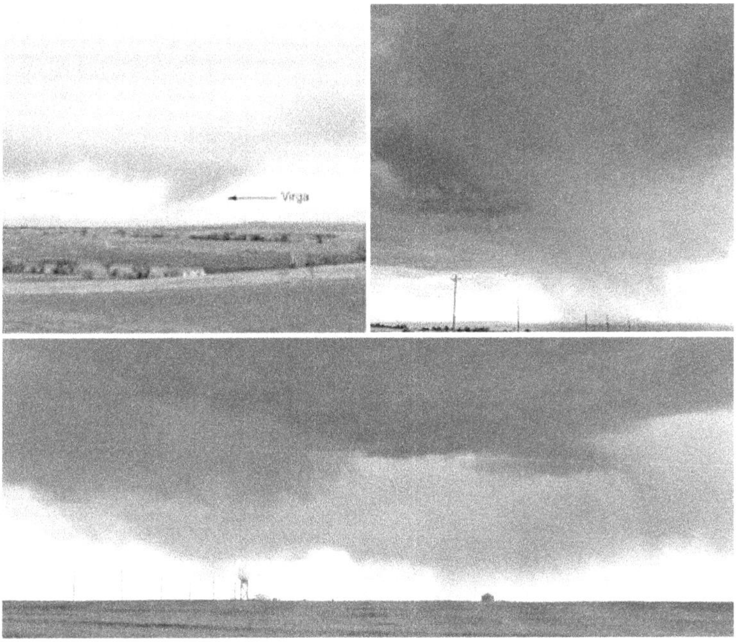

Etapa de disipación: La etapa de disipación comienza a medida que la parte superior del yunque se forma completamente. La etapa de disipación se caracteriza predominantemente por corrientes descendente. Sin embargo, las corrientes ascendentes todavía pueden prevalecer en la cima del cumulonimbus, alimentando el yunque en crecimiento. Las precipitaciones en esta etapa suelen ser pesadas, pero más generalizadas y menos intensas que en la etapa madura.

Las precipitaciones y las corrientes descendentes se extienden por los niveles inferiores de la célula de tormenta eléctrica, cortando la corriente ascendente. Dado que la fuente de energía para el crecimiento de las tormentas eléctricas es el suministro de calor y humedad de la capa superficial, el corte de la corriente ascendente significa el final de la tormenta.

Sin fuente de humedad, la precipitación disminuye y toda la nube de tormentas eléctricas adquiere una apariencia estratiforme, disipándose gradualmente. Debido a que la parte superior del yunque es una nube de hielo, a menudo dura más que el resto de la célula. Aunque la vida útil típica de una tormenta eléctrica de una sola celda es inferior a una hora, es probable es que existan tormentas eléctricas que duren mucho más. ¿Cómo puede ser esto? En tales casos, la explicación es que en realidad el piloto está observando una tormenta eléctrica multicelular o una tormenta eléctrica supercelular, que duran más y afectan a áreas más grandes que una tormenta eléctrica de masa de aire.

La etapa de disipación puede durar entre 1.5 horas y 2.5 horas, tiempo durante el cual pueden seguir produciéndose relámpagos y truenos. Las tormentas eléctricas aisladas, aunque en ocasiones bastante grandes, no duran mucho, ya que las severas corrientes descendente que acompañan a la precipitación suprimen las corrientes ascendentes necesarias para mantener la nube. Las tormentas eléctricas aisladas, comienzan a disiparse una vez que comienza la precipitación.

Tornados

Un tornado es una columna de aire violentamente giratoria que se encuentra debajo de las nubes cumulonimbus. Un tornado que no llega a la superficie se llama nube de embudo. Los tornados varían ampliamente en intensidad. Los tornados más fuertes, generalmente están asociados con tormentas eléctricas severas. La mayoría de los diámetros de los tornados oscilan entre 300 pies y 2000 pies, aunque se han notificado extremos de una milla. La duración media de los tornados es de solo unos minutos, pero se han documentado casos inusuales de más de tres horas.

Los tornados más fuertes se asocian con mayor frecuencia a tormentas eléctricas severas. Como se describió en la sección anterior, la supercélula tiene una circulación interna que promueve la rotación favorable para la formación de tornados. La rotación se hace visible primero en las proximidades de la nube. Gran parte del daño asociado con un tornado es causado por la presencia de uno o más vórtices de succión. Se trata de giros relativamente pequeños e intensos que giran dentro del embudo más grande del tornado.

Un tornado que se produce sobre el agua se llama tromba de agua o tromba marina. Estos vórtices se forman sobre agua tibia cerca de las nubes de cúmulos en desarrollo. En general, las trombas de agua de buen tiempo son más débiles que los tornados, de corta duración y de movimiento lento.

Cerca de los frentes de ráfaga y de los bordes de los estallidos descendente, a veces se producen vórtices similares a tornados conocidos como gustnados (gust o ráfaga en ingles). Estos fenómenos son similares a los intensos tornados de polvo causados por la fuerte ráfagas horizontal del viento y las fuertes corrientes ascendentes.

Un tornado de aire frío es un vórtice débil que ocasionalmente se desarrolla después de un paso frontal frío en asociación con la lluvia y/o la actividad de tormenta eléctrica. Estas no son afecciones asociadas con un clima convectivo severo. Los tornados de aire frío rara vez llegan al suelo y son más frecuentes en primavera y otoño.

Rayos y relámpagos

El rayo es la descarga eléctrica visible producida por una tormenta eléctrica. Se produce de varias formas, incluyendo en la nube, de nube a nube, de nube a tierra y, ocasionalmente, entre la nube y el aire libre. Por ejemplo, un rayo ramificado se llama "relámpago bifurcado". El rayo que se produce dentro de una nube y la ilumina difusamente, se describe como "relámpago de hoja". Un rayo difuso que se observa en la distancia, cuando no se oye ningún trueno, puede llamarse "relámpago de calor".

Cualquiera que sea la forma de relámpago, todas las descargas de rayos implican diferencias de voltaje de unos pocos cientos de miles de voltios por pie (~1.000.000 de voltios por metro). El aire a lo largo del canal de descarga se calienta a más de 50.000°F, lo que provoca la rápida expansión del aire y la producción de una onda de choque que se aleja de su fuente, llegando finalmente a su oído como trueno. Dado que el destello del rayo viaja a la velocidad de la luz (186.000 millas por segundo) y la onda de choque viaja con la velocidad del sonido (unos 1.100 pies por segundo), la diferencia de los tiempos de llegada de estos dos indicadores de tormenta eléctrica se hace mayor cuanto más lejos estés de la tormenta eléctrica.

La distancia aproximada (en pies) desde su ubicación hasta una tormenta eléctrica se determina contando los segundos entre el relámpago y el golpe de trueno, multiplicando ese número por 1.100. Un retraso de cinco segundos entre el rayo y el trueno indica que la tormenta eléctrica está a unos 5.500 pies o un poco más de una milla de distancia.

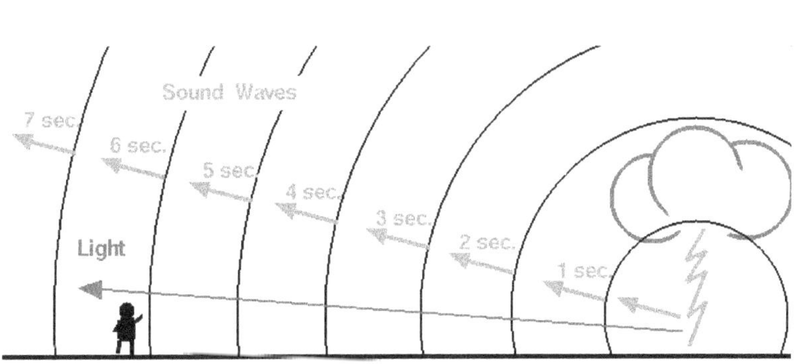

Al igual que con cualquier descarga eléctrica, el rayo requiere una separación de carga. Una forma en que esto puede ocurrir es que las partículas grandes y pequeñas (gotas de agua, cristales de hielo, granizo) desarrollen cargas opuestas y luego se separen por gravedad o por convección. Hay varias formas de realizar la carga antes de que se separen las partículas cargadas, aunque no está claro cuáles son los procesos más importantes.

Por ejemplo, las partículas pueden cargarse a través de la colisión, a través de una transferencia de iones cuando una piedra de granizo caliente entra en contacto con cristales de hielo frío, y una variedad de otras formas, incluidas la congelación y la astilla. En cualquier caso, las partículas más pesadas y cargadas negativamente terminan en la parte inferior de la nube con partículas más ligeras y con carga positiva en la parte superior.

La distribución de la carga negativa cerca de la base de nubes también induce una carga positiva en el suelo. Cuando las diferencias de carga se vuelven lo suficientemente grandes dentro de la nube, o entre la nube y su entorno, se producen rayos. La carrera del rayo es en realidad una serie de eventos que comienzan con un líder escalonado casi invisible que transporta electrones desde la base de la nube hasta el suelo, creando un canal ionizado para la posterior descarga. Cerca de la tierra, el líder escalonado se encuentra con una carga positiva en movimiento ascendente. Se produce un trazo de retorno brillante, marcando la ruta de la carga positiva a lo largo del camino original del líder escalonado, de vuelta a la nube.

En los informes METAR, las tormentas eléctricas se notifican como TS. Las estaciones de confección del METAR con acceso a la Red Nacional de Detección de Rayos (dependiendo del país de origen) informan de "TS" cuando se detecta un rayo dentro de las 5 n.m. y "VCTS" dentro de 5-10 n.m.

Además de los rayos, existen otros fenómenos eléctricos que rara vez se ven desde la superficie de la tierra, pero que a menudo han sido observados por la noche por los pilotos. Estos incluyen tenues "rayos rojos" y débiles "rayos azules" que pueden extenderse 300.000 pies por encima de las cimas de las tormentas eléctricas activas.

Uno de los fenómenos eléctricos más comunes son los “fuegos de St Elmo”. Una descarga eléctrica luminosa visible y observada alrededor de partes de una aeronave, cuando la carga eléctrica de la aeronave se vuelve lo suficientemente intensa. Similar en naturaleza al brillo de un tubo de neón, y a menudo se observa como chorros ardientes en forma de escobilla que se extienden desde la punta de una antena, un ala, una hélice, un parabrisas u otra parte de un avión. Este fenómeno se produce cuando la atmósfera se carga y se crea un potencial eléctrico lo suficientemente fuerte como para causar una descarga (plasma) entre un objeto y el aire que lo rodea. Esto puede sucederle a un avión que vuela a través de cielos muy cargados. Estos rayos suelen ser de color azulado o violeta, pero también puede tener un tinte verdoso.

Aunque no es un peligro en sí mismo, St Elmo's Fire es una indicación de la actividad de las tormentas eléctricas y puede ser un precursor de un rayo. Aparentemente, a veces se puede escuchar en la radio del avión, un sonido de fritura o silbido que sube y baja por la escala musical, una manifestación clásica de este fenómeno.

El vuelo a través de tormentas es una condición altamente riesgosa para toda operación, y es la principal causa de accidentes en aviación.

Air France Flight 447: Durante la madrugada del 1 de junio de 2009, el vuelo 447 de Air France navegaba a FL350 sobre el Océano Atlántico, después de haber partido de Río de Janeiro, Brasil, con destino a París, Francia. El avión Airbus A330 transportaba a 216 pasajeros y 12 tripulantes, incluidos el capitán Marc Dubois, el primer oficial Pierre Bonin y el tercer piloto David Robert.

A las 02:02 horas (UTC), el capitán Dubois salió de la cabina de vuelo y se dirigió al área de descanso de la tripulación, dejando al primer oficial Bonin en el asiento derecho como piloto al mando y al tercer piloto Robert en el asiento izquierdo como piloto asistente. Mientras transitaba por la Zona de Convergencia Intertropical, el vuelo 447 voló a través de poderosas tormentas eléctricas convectivas dentro de las nubes de Cumulonimbus. Durante este tiempo, el avión se encontró con un período de turbulencia seguido de condiciones de engelamiento y granizo.

A las 02:10 horas, el piloto automático se desactivó y el primer oficial Bonin tomó el control manual del avión. El piloto asistente Robert comenzó a leer los mensajes de fallo del sistema antes de llamar al capitán

Dubois de vuelta a la cabina de vuelo. A las 02:14, menos de cinco minutos después de que el piloto automático se desconectara y sin transmisión mayday, el vuelo 447 de Air France se estrelló contra el océano a una velocidad de 152 nudos, descendiendo a una velocidad de 10.912 pies por minuto. Casi una semana después, los equipos de rescate recuperaron el estabilizador vertical del Airbus A330 de Air France. Las imágenes enviaron ondas de choque por todo el mundo.

El informe final publicado en 2012, concluyó que el avión entró en un punto de pérdida y nunca se recuperó. A medida que el avión se encontró con condiciones de formación de hielo, los tres tubos Pitot de la aeronave, que proporcionan datos, incluida la velocidad aérea a los instrumentos de la cabina de vuelo, se bloquearon temporalmente, probablemente debido a la formación de cristales de hielo. En este punto, el piloto automático se desconectó.

Los investigadores descubrieron que los pilotos nunca hicieron ninguna referencia a la advertencia del avión, que en un momento dado sonó continuamente durante 54 segundos. Trágicamente, la tripulación nunca entendió realmente que se estaban cayendo y, en consecuencia, nunca aplicó la maniobra de recuperación de pérdida de sustentación. La aeronave permaneció en estado de pérdida de sustentación durante la totalidad de su descenso de tres minutos y 30 segundos hasta que impactó en el océano.

Delta Flight 191: El 2 de agosto de 1985, las fuertes y repentinas ráfagas de viento causaron un accidente aéreo en el aeropuerto de Dallas/ Fort Worth en Texas que mató a 135 personas. La formación rápida e inesperada de una supercélula, una forma extremadamente violenta de tormenta eléctrica, llevó a la tragedia. El vuelo 191 de Delta salió de Fort Lauderdale, Florida, por la tarde y se dirigió a Dallas, Texas. Los pasajeros a bordo del Lockheed L-1011 disfrutaron de un vuelo completamente normal hasta que se acercaron al área de Dallas. Las tardes de verano en el centro de Texas a menudo incluyen tormentas eléctricas. El vuelo 191 se movió alrededor de una gran tormenta en su trayectoria de vuelo original y terminó llegando hacia el sur hacia la pista 17.

La tripulación vio un rayo al norte del aeropuerto, pero no abortó el aterrizaje. A medida que el avión volaba hacia fuertes vientos en contra, el piloto ralentizó el empuje, esperando una corriente ascendente para mantener la altitud del avión. En su lugar, hubo una repentina situación de windshear llevando al avión hacia abajo, con una ráfaga de viento de la cola. El piloto perdió el control del avión y golpeó el suelo a 6.000 pies de la pista.

El avión impactó contra un coche, matando al conductor. Ciento treinta y cinco personas perdieron la vida y otras 15 sufrieron lesiones graves en el accidente. La investigación posterior reveló que el clima había cambiado drásticamente en los ocho minutos anteriores al accidente. Una formación supercélula de rápido crecimiento había causado vientos impredecibles. Los pilotos también deberían haber sido más prudentes, dado que podían ver de la tormenta en desarrollo a medida que se acercaban al aeropuerto.

Loganair Flight 6780: El vuelo 6780 era un vuelo regional programado desde el aeropuerto de Aberdeen al aeropuerto de Sumburgh en las Islas Shetland, Escocia. El 15 de diciembre de 2014, el Saab 2000 que operaba el vuelo fue alcanzado por un rayo durante la aproximación, y luego se desplomó más rápido que la velocidad máxima de funcionamiento del avión. El avión llegó a menos de 1100 pies (340 m) del suelo antes de que los pilotos se recuperaran y regresaran a Aberdeen. Los 33 pasajeros y la tripulación quedaron ilesos.

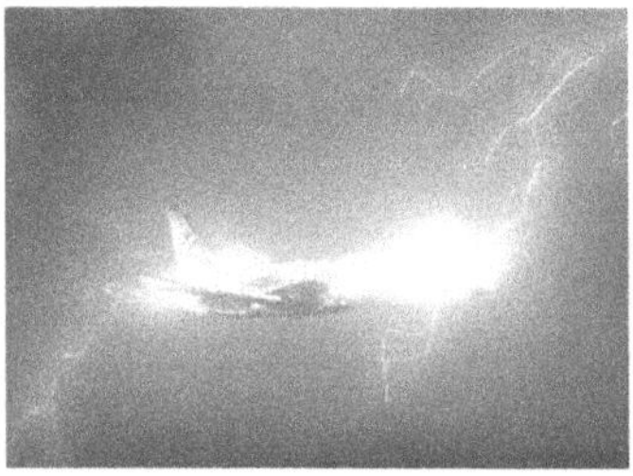

Los datos registrados mostraron que el piloto automático permaneció comprometido después del rayo, contrariamente a lo que los pilotos habían creído, y las acciones de elevar la nariz hacia arriba con los controles de vuelo realizadas por los pilotos fueron contrarrestadas por la función de ajuste del pitch del piloto automático, que hizo acciones correctivas llevando la nariz hacia abajo para recuperar la altitud seleccionada de 2000 pies (610 m).

Kato Airlines FLight 603: El 4 de diciembre de 2003, a las 8:25 horas, el avión partió del aeropuerto Rost Stolport. Al acercarse al aeropuerto de Bodo, hubo una uerte actividad relámpago en esa área y se advirtió al vuelo de que un avión había sido alcanzado por un rayo.

A las 08:44, el avión fue alcanzado por un rayo. Ambos pilotos estuvieron cegados temporalmente durante unos 30 segundos y perdieron el control del elevador de la aeronave. Dado que no tenían ningún control del elevador, el vuelo tuvo que usar un ajuste eléctrico del elevador para controlar la actitud del avión. Finalmente aterrizaron el avión en su tercer intento. El punto de impacto estaba a 22 metros de la pista, pero el avión se deslizó hacia ella, donde se detuvo. Todos a bordo del vuelo sobrevivieron. Un pasajero de 42 años y el primer oficial resultaron gravemente heridos, mientras que el capitán y un pasajero de 31 años solo sufrieron lesiones leves.

EMB-145: El 25 de septiembre de 2001, un Embraer 145 en descenso a Manchester fue alcanzado por un rayo de baja potencia causando la detención del motor izquierdo sin previo aviso de fallos. La tripulación continuó con un aterrizaje exitoso de un solo motor. La investigación concluyó que la causa del fallo del motor AE3007 controlado por FADEC fueron los efectos aerotérmicos del ataque al que son vulnerables todos los aviones con fuselajes de diámetro relativamente pequeño y motores montados cerrados. Se consideró que existía un riesgo de doble incendio simultáneo del motor en tales circunstancias que era imposible de cuantificar.

Sukhoi 95: El 5 de mayo de 2019, un Sukhoi RRJ-95B regresaba a Moscú Sheremetyevo, siendo volado manualmente por los pilotos, después de un rayo causó un fallo importante en los sistemas eléctricos. La tripulación continuó con el aterrizaje, volando la aeronave en un estado de degradación operativa, e impactando tres veces contra la superficie de la pista. El tercer impacto ocurrió cuando el tren de aterrizaje ya se había colapsado, se produjeron daños estructurales y un consiguiente incendio alimentado con combustible a medida que el avión se desviaba de la pista a gran velocidad. La evacuación posterior solo tuvo un éxito parcial y 41 de los 73 ocupantes murieron y 3 sufrieron lesiones graves.

Capítulo 6

Ceniza Volcánica

Introducción

Los volcanes suelen pasar desapercibidos en la aviación, pero guardan uno de los mayores peligros para las aeronaves. En tierra, los terremotos, las erupciones explosivas, las fuertes lluvias radiactivas de cenizas y los flujos de lava pueden ser los aspectos más importantes de la actividad volcánica; pero en el aire, la característica principal es la nube de cenizas. La llamada " ceniza volcánica" también consiste en gases y polvo, así como en cenizas de una erupción. Una nube de ceniza volcánica puede extenderse por todo el mundo y permanecer en la estratosfera durante meses o más. Este material volcánico tiene efectos importantes en la cantidad de radiación solar recibida en la superficie de la tierra y, por lo tanto, en el clima.

Cuando un avión se acerca a una nube de cenizas a cierta distancia de un volcán, la nube no siempre es fácil de distinguir de las nubes ordinarias de agua o hielo. Sin embargo, al entrar en la nube, la situación es claramente diferente. El polvo y el humo pueden entrar en la cabina, a menudo con el olor de un incendio eléctrico. Las indicaciones visibles de las partículas de ceniza incluyen un rayo, fuegos de St. Elmo alrededor del parabrisas y un brillo naranja brillante alrededor de las entradas del motor a reacción. Debido a que la ceniza es altamente abrasiva, los impactos de partículas pueden hundir el parabrisas y las luces de aterrizaje hasta el punto de que se vuelvan inútiles.

Dependiendo de las condiciones, puede haber peores efectos. Las superficies de control pueden dañarse, el sistema pitot-estático y los sistemas de ventilación pueden obstruirse, lo que hace que los instrumentos no funcionen correctamente. La ingesta de ceniza volcánica daña los motores a reacción; puede causar paradas del compresor, quemaduras del tubo de escape y llamas.

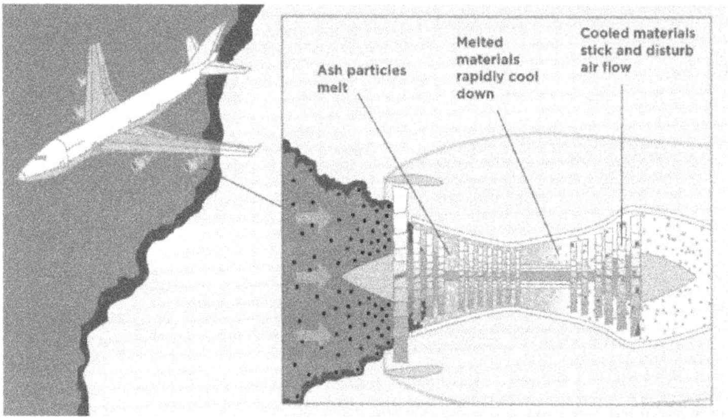

Las nubes de ceniza volcánica son más peligrosas cerca del volcán cuando acaba de producirse una erupción, ya que las partículas de ceniza son considerablemente grandes. Cuando la nube de cenizas está a menos de 30 n.m. del volcán, puede ser identificable con una instalación de un radar meteorológico cerca de la zona. Dependiendo del tamaño de la nube de cenizas, los radares pueden detectar una nube de hasta 400 n.m. Sin embargo, la presencia de nubes precipitantes puede enmascarar la nube de cenizas. El efecto de la nube de ceniza en las actividades de vuelo no se limita a la región de las partículas más grandes.

Cuando se inyecta material volcánico en la estratosfera estable, la lluvia radiactiva es lenta. Además del potencial de peligro continuo para el funcionamiento del motor, la reducción de la visibilidad a la altitud de vuelo también puede persistir a medida que la nube se extiende y es arrastrada por los vientos atmosféricos.

A una velocidad de 25 nudos, una nube de ceniza típica se extiende a favor del viento a 600 n.m. por día. Es muy importante evitar cualquier encuentro con una nube de ceniza volcánica, especialmente las que solo tienen unas pocas horas de antigüedad. Las nubes volcánicas pueden extenderse a grandes alturas y más de cientos de millas.

Actualmente, las erupciones volcánicas se monitorean internacionalmente mediante informes de los piloto, radares, observaciones por satélite y observatorios volcánicos. Nueve Centros Asesores de Cenizas Volcánicas (VAAC) tienen la responsabilidad de la preparación y difusión mundial de un Aviso de Cenizas Volcánicas (VAA) de manera oportuna, para que las Oficinas de Vigilancia Meteorológica (MWO) apropiadas puedan emitir SIGMET.

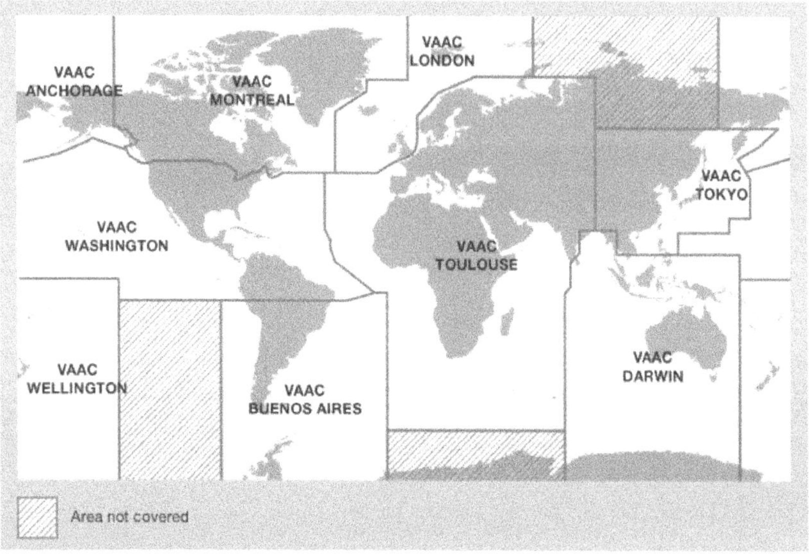

Un aviso de ceniza volcánica da la ubicación del volcán; describe la nube de ceniza; y proporciona un pronóstico de esta. La declaración se emite dentro de las seis horas posteriores a una erupción y a intervalos de seis horas, siempre que las condiciones lo justifiquen.

Veamos un ejemplo de un informe de cenizas volcánicas generado por VAAC Buenos Aires:

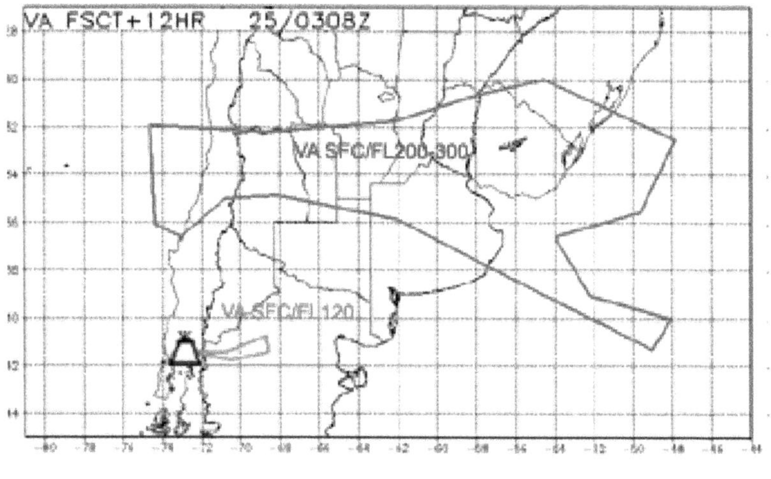

La ceniza cubre parte de Argentina, Chile y Uruguay, desde la superficie hasta 20.000 pies y hasta 30.000 pies

Efectos más peligrosos

El encuentro con ceniza volcánica puede provocar daños en el motor y un mal funcionamiento en el resto de los sistemas de la aeronave.

Efectos en el motor: El principal riesgo para continuar el vuelo seguro, derivado del vuelo a través de altas concentraciones de ceniza volcánica, es la fusión dentro del motor de partículas de cenizas, que están compuestas predominantemente por silicatos con un punto de fusión de 1100 C. Este punto de fusión es considerablemente menor que la temperatura de funcionamiento del núcleo de los motores de turbina de paso alto que, en los ajustes de empuje normales, es de al menos 1400 °C. La ceniza de silicato ingerida se funde en la sección caliente del motor y luego se fusiona en las palas de la turbina de alta presión y los álabes. Esto reduce drásticamente el área de ingesta y tanto las presiones estáticas del quemador como las de descarga del compresor aumentan rápidamente causando una sobrecarga del motor. La pérdida transitoria y posiblemente terminal de empuje, puede ocurrir en los casos más graves con un reinicio exitoso del motor.

Si están presentes en densidades suficientes, las partículas de ceniza también pueden contribuir al mal funcionamiento del motor mediante una simple deposición. Los escombros añadidos obstruyen el flujo de aire del motor y es probable que conduzcan inicialmente a la sobrealimentación del motor y, en última instancia, a un Flame Out. Reducir el ajuste del empuje rápidamente al ralentí puede reducir la temperatura del núcleo lo suficiente como para evitar que los silicatos se derritan.

Efectos en el motor a largo plazo: El efecto abrasivo del impacto de partículas de ceniza volcánica puede causar rugosidad superficial dentro de los motores de turbina que, si bien no afectará a su funcionamiento normal continuo, resultará en un menor consumo específico de combustible. Es imposible reparar dichos daños, por lo que la vida útil de un motor afectado podría reducirse considerablemente.

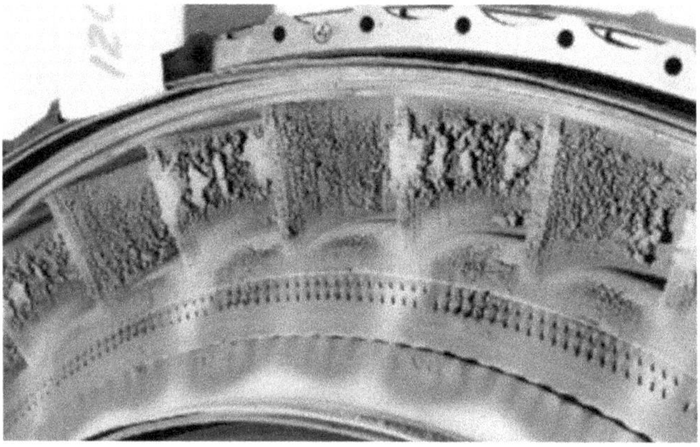

Corrosión superficial externa: Las cenizas pueden causar daños significativos en la superficie de la aeronave y en la capa exterior de los parabrisas. Si el encuentro con cenizas es grave, este último puede volverse lo suficientemente erosionado como no permitir la visibilidad.

Efectos en avionica: Las estadísticas muestran al menos 36 casos de incidentes relacionados con la ingesta de ceniza volcánica en sistemas eléctricos y de aviónica. Estos incluyen la abrasión de la antena, la interferencia de radio, las descargas electrostáticas, el depósito de ceniza volcánica en la aviónica, el fallo eléctrico o informático, la contaminación u obstrucción de los tubos de pitot y los problemas con la indicación de velocidad.

Aunque en su mayoría conducen a efectos de seguridad más pequeños que las fallas del motor, las fallas de aviónica pueden reducir los márgenes de seguridad de vuelo, o aumentar la carga de trabajo de la tripulación en una situación que ya es estresante. De hecho, los peligros pueden surgir de fallos combinados, fallos de funcionamiento, eventos externos o errores. Por lo tanto, los factores externos (por ejemplo, un encuentro involuntario tras la insuficiencia de datos de cenizas volcánicas proporcionados a la tripulación) pueden tener que abordarse en la evaluación detallada del riesgo de seguridad. Además, las cenizas volcánicas pueden ser una fuente común de múltiples condiciones de fallo; por lo tanto, es posible que se vean afectados varios sistemas diferentes.

Si las cenizas volcánicas perturban el sistema primario, también pueden afectar a los sistemas secundarios o terciarios y, por lo tanto, debilitar la redundancia del sistema.

Fallas eléctricas y en las computadoras: Los informes existentes de fallos eléctricos o informáticos indican la presencia de ceniza volcánica dentro de la aeronave. Existen diferentes mecanismos para el fallo eléctrico o informático debido a las cenizas volcánicas. En primer lugar, la reducción de la refrigeración de los equipos puede ser el resultado de filtros tapaos por la cenizas volcánicas y, por lo tanto, de la reducción del flujo de aire, o de cenizas volcánicas ingeridas en los sistemas de aire acondicionado y refrigeración, reduciendo la eficiencia de los intercambiadores de calor.

En segundo lugar, las partículas de ceniza volcánica que penetran en los recintos de los equipos pueden causar directamente daños o fallas, ya sea debido a su conductividad que causa pequeños arcos y cortocircuitos, o debido a sus cargas estáticas que causan pequeñas descargas electrostáticas en componentes electrónicos sensibles. Por último, los sistemas de advertencia de incendios contaminados pueden generar falsas advertencias de incendio al confundir la ceniza volcánica en el aire con el humo de un incendio.

Falla en los sistemas de datos: Los sistemas estáticos y Pitot utilizan un tubo para medir la presión total del aire, así como un puerto estático para medir la presión estática del aire circundante. La velocidad del aire indicada se deriva de ambas mediciones. Si la medición total de la presión del aire se ve afectada por la ceniza volcánica, la velocidad del aire indicada se verá afectada. Los puertos estáticos también se utilizan para calcular la altitud barométrica y la velocidad vertical de la aeronave, dando lugar a posibles fallas en todas estas indicaciones.

Sin embargo, a diferencia de los tubos pitot, los puertos estáticos no están en paralelo al flujo de aire, por lo que su obstrucción con ceniza volcánica es menos probable. Además de los sistemas pitot estáticos, las paletas o sensores de ángulo de ataque y las sondas de temperatura podrían verse afectadas por las cenizas volcánicas, especialmente por la erosión.

Los tubos de pitot contaminados pueden causar indicaciones de velocidad del aire fluctuantes o poco fiables, advertencias erróneas y pérdida de información de velocidad. Por lo tanto, para los sistemas de datos aéreos existe el riesgo de degradación del servicio e información engañosa.

Otro posible efecto se da en el sistema de vuelo automático. Este utiliza la velocidad del aire y puede cambiar el empuje y/o el paso del motor de acuerdo con los cambios indicados. Esto puede acercar a la aeronave al límite de pérdida o al límite de estabilidad estructural, debido a la mala interpretación de los datos.

Falla en el sistema de navegación y comunicación: Los sistemas de navegación y comunicación de las aeronaves pueden verse afectados de diferentes maneras, incluida la abrasión de las antenas, la atenuación y refracción de las ondas en las nubes de ceniza volcánica y las descargas electrostáticas. La siguiente figura muestra los posibles procesos que participan en la interferencia con los sistemas de navegación y comunicación.

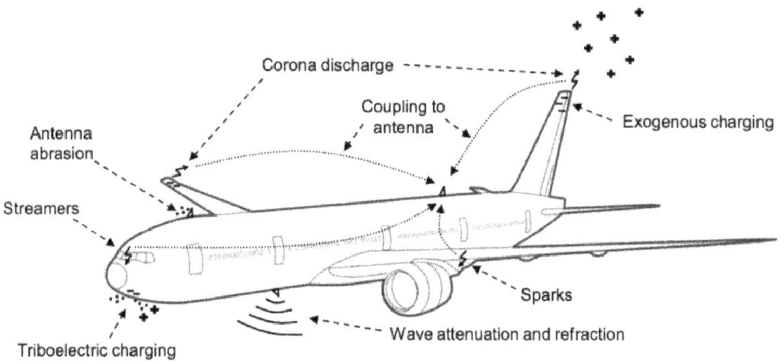

Recomendación operativa

Los procedimientos operativos de la tripulación de vuelo se publican en la documentación de los respectivos fabricantes de aeronaves. Sin embargo, se han identificado las siguientes acciones como recomendaciones típicas en caso de encuentro con cenizas volcánicas.

En tierra: Si es posible, debe evitarse la operación desde o hacia aeropuertos contaminados con cenizas volcánicas. En caso de que la exposición a las cenizas volcánicas sea inevitable, se deben aplicar las siguientes recomendaciones y procedimientos:

Siempre que se planee que una aeronave permanezca en un aeropuerto contaminado con ceniza volcánica, se deben instalar cubiertas de entrada del motor, así como otras cubiertas y tapones de protección.

Limpiar el avión antes de la salida. La capa de ceniza puede contaminar las piezas lubricadas, penetrar en los sellos o entrar en la trayectoria del gas de los motores, el sistema de aire acondicionado, las sondas de datos de aire y otros orificios de las aeronaves.

Antes de arrancar los motores, ventilarlos mediante arranque en seco a la velocidad máxima de motorización durante dos minutos.

Restringir el uso en tierra de la APU al arranque del motor. No utilices APU para el aire acondicionado y como fuente de alimentación eléctrica. Utilice una fuente neumática externa para arrancar los motores, si está disponible.

Dejar que las cenizas y el polvo (si están presentes) se asienten en la pista antes de comenzar la carrera de despegue. Utilizar la técnica de rolling takeoff si es posible

Considere la pista como húmeda (para ceniza seca) o contaminada con granizado (ceniza húmeda) para el cálculo de la performance de despegue y aterrizaje. La eficiencia del frenado puede verse degradada por la capa de ceniza en la pista.

En vuelo: Si se informa de una erupción volcánica durante el vuelo, se debe permanecer bien alejado del área afectada y, si es posible, permanecer en el lado opuesto del polvo volcánico. En caso de que el encuentro con ceniza volcánica sea inevitable, se aplicarán las siguientes recomendaciones generales:

Realizar un viraje de 180°. Los pilotos deben salir de la nube lo más rápido posible. En general, un viraje de 180° dará como resultado la salida de nubes más rápida, debido a la posible extensión de dichas nubes a lo largo de cientos de millas náuticas

Disminuir el empuje. Los ajustes de alto empuje aumentan el riesgo de fusión de partículas de vidrio y acumulación de depósitos de cenizas asociados en la cámara de la turbina. Por lo tanto, se debe disminuir el empuje, si las condiciones lo permiten.

Activar las máscaras de oxígeno de la tripulación al 100%. Informe al ATC. Cualquier observación de actividad volcánica o cualquier encuentro con una nube de ceniza volcánica debe notificarse mediante transmisión de radio inmediata.

Aumentar la demanda de sangrado de aire (sistema antihielo ON). El aumento de la demanda de sangrado de aire tiene como objetivo aumentar la relación combustible/aire en la combustión del motor para limitar la posibilidad de una sobretensión y/o incendio del motor.

Supervisar los parámetros del motor y las indicaciones de velocidad aérea. La tripulación debe ser consciente de que las cenizas volcánicas pueden hacer que las indicaciones de velocidad del aire no sean fiables.

Inicia la APU para abastecer a la red eléctrica en caso de incendio del motor.

Análisis de Accidentes

El encuentro con ceniza volcánica durante las operaciones de vuelo representa una situación muy peligrosa si la tripulación no considera los procedimientos apropiados.

Boeing 747: El 24 de junio de 1982, un Boeing 747-200 acababa de pasar por Yakarta en FL370 en VMC nocturno cuando, sin saberlo, entró en una nube de cenizas de una erupción recientemente iniciada en cercano Monte Galunggung de la que la tripulación desconocía. Todos los motores fallaron repentinamente y se declaró un MAYDAY. Comenzó el descenso involuntario y se inició un desvío provisional de regreso a Yakarta, lo que requeriría reinicios exitosos del motor para lograr evadir el terreno montañoso en ruta.

Una vez libre de la nube con tres motores re-encendidos y nivelados en FL120, el vuelo de desvío se confirmó y completó con una aproximación visual y un aterrizaje exitoso.

Capítulo 9

informes METAR

Aviation Bookstore
aviation step by step

Introducción

La meteorología adversa ha sido uno de los principales peligros de la aviación en el mundo. Las letras METAR significan METeorological Aerodrome Report. Los METAR contienen mensajes codificados relativos a las condiciones meteorológicas reales en un aeródromo determinado y en un momento determinado. Esta es información muy útil para que el piloto evite una operación arriesgada basada en condiciones meteorológicas adversas.

Los METAR generalmente se emiten cada una hora durante las horas de funcionamiento del aeródromo. El objetivo de este capítulo es explicar la codificación METAR, grupo por grupo. Si el piloto lee y entiende esta información codificada, podrá tomar una decisión correcta. Vamos a decodificar un METAR paso a paso.

Tipo de informe, aeródromo y grupo de tiempo de datos

Veamos los primeros ocho grupos de códigos que normalmente se encuentran en un METAR. El primer código, (a), es la identificación del tipo de informe; en este caso, un METAR. El designador de cuatro letras de OACI del aeródromo emisor se muestra a continuación, (b); este ejemplo es para el Aeropuerto Internacional de Miami, KMIA.

METAR	**KMIA**	**231020Z**	**260**	**12**	**G**	**25KT**	**220 V 300**
(a)	**(b)**	**(c)**	**(d)**	**(e)**	**(f)**	**(g)**	**(h)**

El tercer grupo, (c), es el grupo de fecha/hora, que simplemente da la hora de la observación meteorológica real. Los dos primeros dígitos representan el día del mes, seguido de la hora en horas y minutos. El tiempo siempre se da como Hora Universal Coordinada (UTC), que es, a todos los efectos prácticos, la misma que la Hora Media de Greenwich (GMT): la hora local en Greenwich, Londres. En el propio METAR, UTC se indica con el código Z, pronunciado "Zulu".

Información sobre el viento

El siguiente punto del METAR (d, e, f y g) es la información sobre el viento. En primer lugar, la dirección del viento dada en grados, redondeada hacia arriba o hacia abajo a los 10 grados más cercanos, (d), y luego la velocidad del viento en nudos, (e), que es una velocidad media tomada durante un período de 10 minutos. Sin embargo, si se observa una ráfaga que es al menos 10 nudos más que la velocidad media del viento, entonces una figura de ráfaga, (g), viene después del viento medio; esta figura de ráfaga está precedida por la letra G, (f).

METAR KMIA 231020Z 260 12 G 25KT 220 V 300

(a) (b) (c) (d) (e) (f) (g) (h)

El siguiente grupo de códigos, (h), puede o no aparecer dependiendo de la variabilidad direccional del viento. La variabilidad se muestra después del grupo de viento principal y significa los extremos en la dirección del viento durante los 10 minutos anteriores. La letra V aparecerá entre estos dos extremos. Si no hay viento, se utilizará la codificación, 00000KT.

METAR KMIA 231020Z 260 12 G 25KT 220 V 300

(a) (b) (c) (d) (e) (f) (g) (h)

Visibilidad

En el METAR, la visibilidad notificada es la visibilidad predominante y puede incluir la visibilidad mínima.

Aquí, la visibilidad predominante es de 1.400 metros. La visibilidad predominante es el valor de visibilidad que se alcanza o supera alrededor de al menos la mitad del círculo del horizonte, o dentro de al menos la mitad de la superficie del aeródromo.

METAR KMIA 231020Z 26012G25KT 220V300 1400

Si la visibilidad en una dirección, que no es la visibilidad predominante, es inferior a 1.500 m, o menos del 50% de la visibilidad predominante, también se debe informar la visibilidad más baja observada y su dirección general. Hasta 10 km, la visibilidad se mide en metros. Por ejemplo, 6000 significa que la visibilidad predominante es de 6.000 metros. Una vez que la visibilidad alcanza los 10 km o más, la cifra de código utilizada es 9999. La visibilidad de menos de 50 metros se indica con el código 0000.

En algunos casos, la información de visibilidad de la pista se da en un METAR; esto se conoce como rango visual de pista (RVR). El RVR se da solo cuando la visibilidad horizontal o el propio RVR es inferior a 1.500 metros. El grupo RVR comienza con la letra R y luego da la pista en uso, seguida de la visibilidad del umbral en metros.

Si el RVR es superior al valor máximo notificable de 1.500 metros, el código P se utiliza delante del valor de visibilidad, R30/P1500. A veces puede venir una letra después del RVR para indicar cualquier tendencia que el RVR haya mostrado. Una letra U significa que la visibilidad ha aumentado en 100 m o más en los últimos 10 minutos, por ejemplo, R30/1100U. Una letra D muestra que la visibilidad ha disminuido en ese mismo período de tiempo, p. ej. R30/1100D. Una N añadido al grupo de visibilidad muestra que no se observa ninguna tendencia distinta, por ejemplo, R30/1100N.

El Grupo Meteorológico

La siguiente sección del METAR es el grupo meteorológico. El grupo meteorológico proporciona información sobre el tiempo actual en el aeródromo o cerca de él, en el momento de la observación. El siguiente informe añade el grupo meteorológico a nuestro ejemplo METAR: +SHRA, que significa "fuertes lluvias".

METAR KMIA 231020Z 26012G25KT 220V300 1400 +SHRA

La siguiente tabla enumera los diversos códigos que se pueden utilizar en el grupo meteorológico METAR para describir los diferentes fenómenos. La primera columna representa la intensidad o proximidad de un fenómeno meteorológico. Los símbolos de la primera columna tienen el siguiente significado: - significa ligero, + significa pesado, VC significa en las proximidades de pero no en el punto de observación.

Significant Present and Forecast Weather Codes				
Qualifier		Weather Phenomena		
Intensity or Proximity	Descriptor	Precipitation	Obscuration	Other
- Light	MI - Shallow	DZ - Drizzle	BR - Mist	PO - Dust/Sand Whirls (Dust Devils)
Moderate (no Qualifier)	BC - Patches	RA - Rain	FG - Fog	SQ - Squall
+ Heavy (well developed in the case of FC and PO)	BL - Blowing	SN - Snow	FU - Smoke	FC - Funnel Cloud(s) (tornado or water spout)
VC - In the vicinity	SH - Shower(s)	IC - Ice Crystals (Diamond Dust)	VA - Volcanic Ash	SS - Sandstorm/ Duststorm
	TS - Thunderstorms	PL - Ice Pellets	DU - Widespread Dust	
	FZ - Freezing (Super - Cooled)	GR - Hail	SA - Sand	
	PR - Partial (covering part of aerodrome)	GS - Small hail - (<5 mm in diameter and/ or snow pellets)	HZ - Haze	
		UP - Unknown Precipitation		
		PY - Spray		

La segunda columna de la tabla, contiene letras que añaden detalles a cada fenómeno meteorológico; por ejemplo, BC significa bancos, y se utiliza con frecuencia para describir niebla, SH significa lluvias y TS significa tormenta eléctrica. Las tres últimas columnas de la tabla contienen códigos que describen los propios fenómenos meteorológicos. La columna de precipitación contiene códigos para llovizna, lluvia, nieve, granizo, etc. La siguiente columna cubre aquellos fenómenos meteorológicos que se clasifican como oscurecimientos; estos incluyen niebla, niebla, humo, cenizas, etc. La última columna de la tabla contiene los fenómenos meteorológicos que aún no se han mencionado en la tabla. Este grupo consiste principalmente en los fenómenos meteorológicos más inusuales que rara vez se reportan.

Tormentas eléctricas

Aparecerá un informe de tormenta eléctrica en un METAR si se ha escuchado un trueno en los últimos 10 minutos. Una tormenta eléctrica está representada por las letras TS. Si no hay precipitación, las letras TS aparecerán por sí solas. Sin embargo, si hay precipitación, se insertan otras dos letras, que significan el tipo de precipitación, después del ST. Por ejemplo, si se observa lluvia desde la tormenta eléctrica, el TSRA aparecerá en el METAR. Si se observara granizo, el código diría TSGR, o TSGS, con GS significando pequeño granizo.

Cobertura de las nubes

El siguiente grupo de códigos que aparecerá en el METAR da detalles de la cobertura de las nubes.

METAR KMIA 231020Z 26012G25KT 220V300 1400 +SHRA OVC020CB

Este código resaltado significa "cielo nublado, base 2000 pies, con cumulonimbus".

Hay varios prefijos que se utilizan para describir la cantidad de nubes, en cualquier nivel dado. La cobertura de nubes se informa en el METAR utilizando los siguientes códigos de tres letras:

FEW (poca) Lo que representa de uno a dos octavos de cobertura. SCATTERED (aislado) Lo que representa de tres a cuatro octavos de cobertura. BROKEN (quebrado) Lo que representa de cinco a siete octavos de cobertura. OVERCAST (cubierto) Lo que significa una cobertura completa, u ocho octavos.

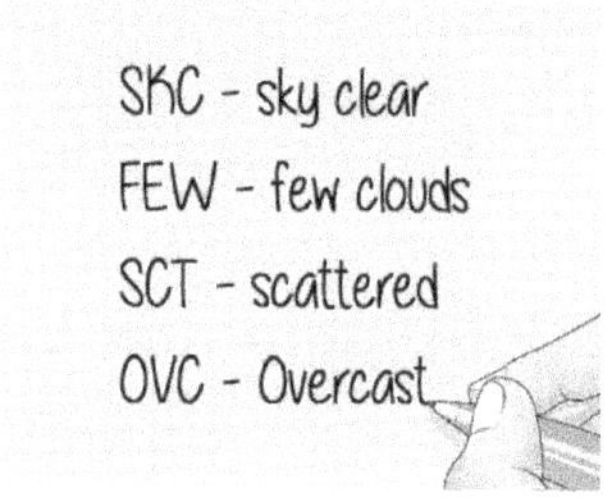

La base de nubes se da como una figura de tres dígitos que muestra cientos de pies. La base de nubes en un METAR siempre se mide como una altura por encima del nivel del aeródromo, utilizando el aeródromo actual QFE. Por ejemplo, 6 octavos de nube (6 oktas) a 1.900 pies por encima del nivel del aeródromo aparecerían en el METAR como BKN019, 8 oktas a quinientos pies se abreviarían como OVC005. Los únicos tipos de nubes que se especifican en el METAR son las nubes convectivas significativas. Estos son cumulonimbus (CB) y cúmulos imponentes (TCU). Mirando hacia atrás al grupo de nubes, vemos el código OVC020CB.

Esto se refiere a un cielo nublado cubierto por una nube cumulonimbus cuya base está a 2 000 pies por encima del nivel del aeródromo. El grupo meteorológico anterior, +SHRA, indica que la nube detallada en el grupo de nubes está produciendo una fuerte lluvia. Si no se observa ninguna nube en el aeródromo, se utiliza el código SKC, que significa cielo claro.

Oscurecimiento

Si el cielo de un aeródromo está oscurecido por razones distintas a la cubierta de nubes, y la cobertura de nubes no se puede determinar fácilmente, el código VV se utiliza en lugar de la información de la nube. A VV le sigue la visibilidad vertical en cientos de pies.

METAR KMIA 231020Z 26005KT 220V300 300FG OVC VV002

Los códigos en este METAR indican que la visibilidad es de 300 m de niebla, el cielo está nublado y la visibilidad vertical es de 200 pies.

El código CAVOK se utiliza con frecuencia en el código METAR, siendo la abreviatura de "el techo y la visibilidad están bien". Si se utiliza CAVOK, reemplazará los grupos de visibilidad, RVR, clima y nubes. Hay cuatro criterios que deben cumplirse para que CAVOK aparezca en el METAR. Estos son: la visibilidad debe ser de 10 kilómetros o más, la altura de la nube más baja no debe ser inferior a 5.000 pies, o el nivel de altitud mínima más alta del sector, lo que sea mayor, y no debe haber ningún cumulonimbus presente.

METAR KMIA 231020Z 26005KT CAVOK

Temperatura y punto de rocío

La temperatura y el punto de rocío constituyen el siguiente grupo en el código METAR. El código de temperatura y punto de rocío es simplemente un número de dos dígitos que da la temperatura del aire, con una barra diagonal, seguida de otro número de dos dígitos que indica el punto de rocío.

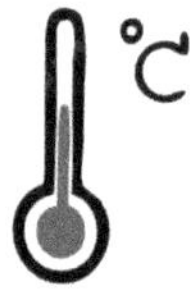

Ambas temperaturas se miden en grados centígrados. Por ejemplo, el código 10/02 indica que la temperatura del aire es de más de 10°C y el punto de rocío es de más de 2°C. Si alguna de las cifras es negativa, se utilizará el prefijo M, como en 10/M02. El punto de rocío en el ejemplo que se acaba de dar es menos 2°C.

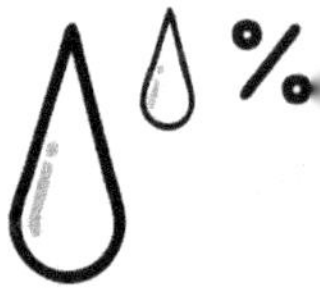

METAR KMIA 231020Z 26005KT CAVOK 08/M01 QNH

El QNH estará representado por la letra Q, seguida de un número de cuatro dígitos que representa el valor de presión real. Si el QNH es inferior a 1.000 milibares, el valor irá precedido de un cero. Por ejemplo, un QNH de 991 milibares aparecería como Q0991.

METAR KMIA 231020Z 26005KT CAVOK 08/M01 Q1002

Tiempo reciente

Si ha habido un cambio significativo reciente, ya sea en la última hora o desde que se emitió el último METAR, y si el clima significativo ha cesado, o se ha reducido en intensidad, aparecerá un grupo de códigos METAR que comience con RE que significa reciente. Si ha habido una tormenta eléctrica

durante la hora, pero que ahora ha disminuido, dando solo lluvia ligera, el clima actual se reporta como lluvia ligera, -RA; el hecho de que haya habido tormentas eléctricas en la última hora es reportado por el código de cuatro letras RETS:

METAR KMIA 231020Z 26005KT CAVOK 08/M01 Q1002 RETS

Windshear

La información sobre windshear también se comunica en el METAR. Esto simplemente se denotará con las letras WS, seguidas de los detalles necesarios, como WS ALL RWY, que significa windshear en todas las pistas, o WS 30, que significa windshear de viento presente en la pista 30.

METAR KMIA 231020Z 26005KT CAVOK 08/M01 Q1002 RETS WS26L

TREND, BECMG y TEMPO

Una previsión de TENDENCIA es válida durante 2 horas después del momento de la observación del METAR, y constituye la sección final del METAR. El cambio en las condiciones climáticas indicado por el código, TREND, puede ser calificado aún más por los códigos, BECMG, que significa devenir, o TEMPO que significa temporalmente. BECMG indica que el cambio en el clima actual será duradero. TEMPO, por otro lado, significa que el cambio es temporal, y que las diferentes condiciones prevalecerán durante períodos de menos de una hora, solo, y no más de la mitad del período de tiempo, en conjunto. Los códigos pueden ir seguidos de un período de tiempo en horas y minutos. Los períodos de tiempo dados pueden ir precedidos por el significado FM de, el significado TL hasta o el significado AT en.

TEMPO FM1130 TL1210 1500 +SHRA

Temporalmente, de 1130Z a 1210Z, la visibilidad se reducirá a 1.500 metros, en fuertes lluvias.

Si no se espera un cambio en las condiciones meteorológicas previstas por el METAR, se utiliza el código NOSIG para indicar que no se espera ningún cambio significativo en las próximas dos horas.

METAR KMIA 231020Z 26005KT CAVOK 08/M01 Q1002 RETS WS26L NOSIG

Informe especial

Una variación del METAR es el Informe Especial. Un informe especial, que se denota con la abreviatura, SPECI, tiene el mismo formato que un METAR, excepto que el código SPECI reemplazará a METAR al principio del informe. Se emitirá un SPECI cuando las condiciones meteorológicas cambien significativamente en el período entre las observaciones de rutina. Se puede emitir un SPECI para indicar una mejora o un deterioro del clima.

SPECI KMIA 231025Z 26005KT CAVOK 08/M01 Q1002 RETS WS26L NOSIG

Fin del mensaje

Aparece un signo igual a (=) al final del METAR para indicar que el mensaje está completo.

METAR KMIA 231020Z 26005KT CAVOK 08/M01 Q1002 RETS WS26L NOSIG =

Abreviaturas en reportes meteorológicos

$	maintenance check indicator
+	heavy intensity
ACC	altocumulus castellanus
ACSL	altocumulus standing lenticular cloud
AO2	automated station with precipitation discriminator
APCH	approach
APRX	approximately
AUTO	fully automated report
BC	patches
BL	blowing
C	center (with reference to runway designation)
CB	cumulonimbus cloud
CC	cloud-cloud lightning
cd	candela
CHI	cloud-height indicator
CIG	ceiling
CONS	continuous
DOC	Department of Commerce
DOT	Department of Transportation
DS	duststorm
DSNT	distant
DZ	drizzle
FAA	Federal Aviation Administration
FEW	few clouds
FIBI	filed but impracticable to transmit
FMH-1	Federal Meteorological Handbook No.1, *Surface Weather Observations & Reports (METAR)*

-	light intensity
/	indicator that visual range data follows; separator between temperature and dew point data.
ACFT MSHP	aircraft mishap
AO1	automated station without precipitation discriminator
ALP	airport location point
APRNT	apparent
ATCT	airport traffic control tower
B	began
BKN	broken
BR	mist
CA	cloud-air lightning
CBMAM	cumulonimbus mammatus cloud
CCSL	cirrocumulus standing lenticular cloud
CG	cloud-ground lightning
CHINO	sky condition at secondary location not available
CLR	clear
COR	correction to a previously disseminated observation
DOD	Department of Defense
DR	low drifting
DSIPTG	dissipating
DU	widespread dust
DVR	dispatch visual range
E	east, ended, estimated ceiling (SAO)
FC	funnel cloud
FG	fog
FIRST	first observation after a break in coverage at manual station
FMH2	Federal Meteorological Handbook No.2, *Surface Synoptic Codes*

FRQ	frequent
FT	feet
FZ	freezing
G	gust
GS	small hail and/or snow pellets
HZ	haze
ICAO	International Civil Aviation Organization
INTMT	intermittent
L	left (with reference to runway designation)
LST	Local Standard Time
LWR	lower
max	maximum
MI	shallow
MOV	moved/moving/movement
N	north
NCDC	National Climatic Data Center
NOS	National Ocean Survey
NOTAM	Notice to Airmen
NWS	National Weather Service
OFCM	Office of the Federal Coordinator for Meteorology
OVC	overcast
P	indicates greater than the highest reportable value
PL	ice pellets
PNO	precipitation amount not available
PRES	pressure
PRESFR	pressure falling rapidly
PWINO	precipitation identifier sensor not available
R	right (with reference to runway designation), runway
RTD	Routine Delayed (late) observation
RVR	Runway Visual Range
RY	runway
SA	sand

FROPA	frontal passage
FU	smoke
FZRANO	freezing rain sensor not available
GR	hail
HLSTO	HLSTO hailstone
IC	ice crystals, in-cloud lightning
INCRG	increasing
KT	KNOTS
LAST	last observation before a break in coverage at a manual station
LTG	lightning
M	minus, less than
METAR	routine weather report provided at fixed intervals
min	minimum
MT	mountains
N/A	not applicable
NE	northeast
NOSPECI	no SPECI reports are taken at the station
NW	northwest
OCNL	occasional
OHD	overhead
OVR	over
PCPN	precipitation
PK WND	peak wind
PO	dust/sand whirls (dust devils)
PR	partial
PRESRR	pressure rising rapidly
PY	spray
RA	rain
RV	reportable value
RVRNO	RVR system values not available
S	snow, south
SCSL	stratocumulus standing lenticular cloud

SCT	scattered
SFC	surface
SH	shower(s)
SLP	sea-level pressure
SM	statute miles
SNINCR	snow increasing rapidly
SPECI	an unscheduled report taken when certain criteria have been met
SS	sandstorm
SW	snow shower, southwest
TS	thunderstorm
TWR	tower
UP	unknown precipitation
V	variable
VC	in the vicinity
VISNO	visibility at secondary location not available
VRB	variable

SE	southeast
SG	snow grains
SKC	sky clear
SLPNO	sea-level pressure not available
SN	snow
SP	snow pellets
SQ	squalls
STN	station
TCU	towering cumulus
TSNO	thunderstorm information not available
UNKN	unknown
UTC	Coordinated Universal Time
VA	volcanic ash
VIS	visibility
VR	visual range
VV	vertical visibility

www.ingramcontent.com/pod-product-compliance
Lightning Source LLC
LaVergne TN
LVHW051929051126
851857LV00020B/2060
* 9 7 9 8 2 5 6 2 3 6 5 0 2 *